U0213854

Seven
Lectures
of
Memorial
Archways

许康 著

中国建筑工业出版社

图书在版编目（CIP）数据

牌坊七讲／许康著. —北京：中国建筑工业出版社，2019.4
ISBN 978-7-112-23120-1

Ⅰ.①牌… Ⅱ.①许… Ⅲ.①牌坊－建筑艺术－研究－中国
Ⅳ.①TU-092.2

中国版本图书馆CIP数据核字（2018）第293370号

责任编辑：贺　伟　唐　旭
版式设计：锋尚设计
责任校对：王　瑞

牌坊七讲

许　康　著

*

中国建筑工业出版社出版、发行（北京海淀三里河路9号）

各地新华书店、建筑书店经销

北京锋尚制版有限公司制版

天津翔远印刷有限公司印刷

*

开本：880×1230毫米　1/32　印张：5⅞　字数：163千字
2019年4月第一版　2019年4月第一次印刷
定价：**38.00元**
ISBN 978 – 7 – 112 – 23120 – 1
　　（33204）

序

当我们漫步在祖国大地，游踪所至，不论何处，我们都会被那些风姿绰约、引人入胜的牌坊所吸引。这些造型迥异的各式牌坊，或华美绚丽，或古朴庄重，或气宇轩昂，或金碧辉煌，是中华故土上孕育出来的一种独特的建筑人文景观，在城市和乡村之中，构成了一道道异彩纷呈、蔚为壮观的风景线。

牌坊的历史并不太久，但确是独具风韵，拥有极为丰富的文化内涵和别具一格的艺术魅力，是传统聚居环境之中非常有代表性的一种标志物。尽管牌坊所承载的社会功能已经发生了变化，但是，牌坊在空间中所起的作用始终没变，处于市井之中，可以丰富街巷景致，增添城市的文化内涵；位于园林之内，又能够点染山林，起到聚景和标识的作用。其文化价值，千百年来越发深入人心，即使在今天，牌坊也依然具有广泛的影响力，它不但是一部承载着世间沧桑的建筑史书，而且，世界各地的中华街、中国城，也都用牌坊来作为象征，以区别于其他街区。

我开始关注牌坊，是在读研究生的时候，当年我的导师冯建逵先生安排文献阅读，给我定的题目就是牌坊。后来由于各种原因没有继续这一研究，在我的学生许康的论文选题时，我便建议他研究牌坊这一课题。许康聪颖踏实，不负所望，完成的毕业论文获得了多方好评。这部《牌坊七讲》正是在此基础上修改而写成的专著，许康多年来的努力终于结出了硕果，十分令人欣慰。虽然，在此之前，已有一些出版社出版过有关牌坊的书籍，但是，由建筑学者从建筑专业的角度，全面系统地对中国牌坊加以总结介绍的著作尚属首次，从建筑学的角度对牌坊进行解读，无疑对我们了解牌坊的功用、类型以及牌坊在建筑景观构成中所起到的作用很有帮助，同时，该书的出版，也弘扬了中国的传统建筑文化，为唤起更多的人们去关爱这些珍贵的文化遗产做出了贡献。

覃力

2018年12月14日

前言

悠悠五千年的历史，广袤的960万平方公里的沃土，城宫坛台、殿塔楼阁、陵窟寺观、祠院庙馆……书写着中国古代建筑的辉煌篇章。亭桥坊、阙表门廊……那些散布在华夏大地的中国古代的小品建筑也伴随着辉煌的主流历史而成长。

牌坊有着与众不同的外观形态、独具一格的审美价值、多种多样的社会功能、古老悠远的历史底蕴、丰富深厚的人文内涵，是华夏大地上的一道独特的人文景观。至今，无论是在国内还是国外，都能见到牌坊的身影。

由于牌坊在我国众多的古代建筑中属于小品建筑或者次要建筑，她的光彩往往被大型建筑或者主体建筑所掩盖。关于牌坊的历史与价值的研究，20世纪30年代刘敦桢先生的《牌楼算例》开启了近现代中国牌坊研究之先河，尤其是其详尽的关于牌坊的工程做法和尺寸权衡方面的研究，为后人的进一步研究打下了坚实的基础；而后马炳坚和冯建逵二位先生又在牌坊建筑的技术方面更上了一层楼。

笔者意在书写较为完整系统的牌坊建筑艺术，其中主要包含牌坊建筑的历史沿革、种类划分、造型特色、文化内涵、社会应用、空间特征、地域分布及特色、装饰艺术等，亦介绍、赏析一些具有代表性的牌坊建筑实例。

书写的重点是牌坊的历史沿革、文化内涵和空间特征三部分。在牌坊的历史沿革一章里，笔者明确提出"牌坊"和"牌楼"之间的差异，在西方哲学的理论平台上，以历史文献和建筑实例为基础，分别探究两者之间的区别，并最终殊途同归，与今天世人所见的牌坊（牌楼）联系起来。牌坊的文化内涵和空间特征是牌坊建筑社会应用的两个不同方面，前者是牌坊作为精神教化和宣扬伦理道德的工具，在社会中的应用，后者是牌坊作为空间创作元素，在建筑群体、城市乡野、风景园林中的应用，两者也常常结合在一起应用。

中国国土广袤，地区之间在气候地貌、经济文化、风俗习惯等方面的差异，使得分布在广袤土地上的牌坊也呈现出分布的不均衡性、种类的多样性和造型的地域性等诸多特征。本文分析总结这些差异性，并探究了造成此差异性的主要原因。

中国牌坊，千百年的历史沉积至今，形成了一个浩瀚而复杂的系统，关于它的史料、文献、实例的查寻和考证确有困难和障碍，再加之研学时间短暂和笔者的能力有限，故此书中的错误、疏漏和缺憾之处在所难免。在此恳请前辈、同行给予批评、指教和帮助。

目录

序
前言

第一讲
牌坊的
历史沿革

第二讲
牌坊的
类型

第三讲

牌坊的
造型艺术

第四讲

牌坊的平面形式
与空间特征

第五讲

牌坊的社会功能
与文化内涵

第一讲

牌坊的历史沿革

1.1 关于牌坊

牌坊是中国古代建筑的特有形式之一。无论是在建筑群里，还是在城乡的街道、巷、桥上，或是在风景园林中，都可以见到它与众不同的身影。牌坊与房屋建筑相比，没有宏大的规模、复杂的空间变化……但是随着历史的前进、社会的变革、文化的发展、技术的更新，牌坊的功能和形式也都发生了巨大的变化，其社会属性由起初的实用功能，向后期的审美价值高于实用价值过渡发展，乃至后来的单纯以纪念旌表或装饰美化为根本属性的牌坊的出现，可以说，虽然牌坊是小品建筑，但是它浓缩了中国的社会、文化、思想、建筑的历史于一身。

牌坊在中国建筑类型的划分中归属为"区别于大型建筑的小型建筑"[①]，虽然它们是"中国传统建筑中非常重要的组成部分，有着特殊的形态和丰富的内涵，在世界建筑史上有突出的地位"[②]，但是它们的灿烂光彩往往被"大型建筑"所掩盖。本讲诠释牌坊的创造和发展，除了从基本的功能、技术、经济等层面去探究外，还应该从它的精神层面，即它的传承性和归属性，来加以理解和诠释。正如黑格尔在其《美学》中言道："艺术作品（当然包括建筑）表现的是人的精神价值……它将原本的现实世界改造成为更加人性化的世界凸显出来。世界在艺术中变得更加纯粹，更加鲜明。"[③]

牌坊，又称牌楼，古称"绰楔"，亦称"绰屑"或"绰削"。关于牌坊的起源，可谓是众说纷纭，有的说"起源于汉代"，有的说"始建于唐代"[④]……

尽管众说纷纭，但是牌坊首先是"门"，这是不争的事实，它与甲骨文中的"门"字十分相似。牌坊是门的一种形式。门的基本构成要素是立柱和梁架。据史料记载，由立柱和梁架构成的最简单、最原始的门叫"衡门"。

1.1.1 衡门

现存古典文献中关于"衡门"的最早记载见于《诗经·陈风·衡门》:"衡门之下,可以栖迟。"朱熹注释曰:"衡门,横木为门也。门之深者,有阿塾堂宇,此惟横木为之。"《文选·王俭〈褚源碑文〉》云:"迹屈朱轩,志隆衡馆。"吕延济注:"衡馆,衡门也,谓隐逸处,横木为门也。"《诗义》亦云:"横一木而上无屋谓之衡门。"在古汉语中,"衡"通"横",衡门即横门左右两根立柱上架起一根横木而构成的简易的门。《汉书·玄成传》记载:"使得自安于衡之下。"唐颜师古注曰"衡门,横一木于门上,贫者之居也。"此类衡门之形象,今在东北乡下仍多见,被称为"光棍大门",意指其非常简陋。出入衡门,衣着随意,寓意简朴、清贫,往往被用来渲染远避仕途者的生活氛围。晋代陶渊明的《癸卯岁十二月中作与从弟敬远诗》曰:"寝迹衡门下,邈与世相绝。"其《归去来兮辞》还道:"乃瞻衡宇,载欣载奔。"衡宇,即横木为门的房屋。《晋书·外戚传》中有"散带衡门"之说。唐代杜牧的《送陆郎中弃官东归》诗中有"少微星动照春云,魏阙衡门路自分"之句,"魏阙"与"衡门"分别表示两条不同的人生道路。从古典文献中也可想见衡门昔日简洁朴素的形象特征。

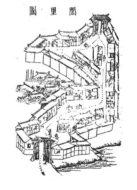

图1-1
甲骨文中的"门"字

图1-2
古代衡门示意图

图1-3
明《三才图会》中闾里图

就史书所记载的衡门之结构形象而言，具备了构成"门"进而构成"牌坊"的两大基本要素，"堪称为牌坊的雏形"⑤。20世纪30年代刘敦桢先生在《牌楼算例》中说："牌楼之发达，自木造之衡门……"⑥因而从"衡门"概念的历史记载出发，对于牌坊的历史源起可追溯到公元前的"春秋中叶"⑦。

1.1.2 坊门（包括闾坊门和里坊门）

里（闾）坊是中国古代城市的基本居民单元，里（闾）坊门伴随着中国古代城市的闾里制度的产生而诞生，是牌坊诸多历史原形中最为确切者。我国从春秋战国至唐代，城邑都采用里坊制度。汉代称"里坊"为"闾里"，闾里制度即是里坊制度的前身⑧，《尔雅·释宫》中解释闾为里门，并说"闾，侣也，二十五家相群侣"。闾里：根据《管子》和《墨子》所载，春秋至战国间，各国都城已有以闾里为单位的居住方式⑨。明代《三才图会》中的闾里图，绘出了明代人心目中的闾里之门的形象。闾里制度沿袭至东汉末年，曹操规划建设邺城，开始实行城坊制度。魏晋以后，每坊约一里见方，故改称为里坊。

隋唐时期是里坊制度最盛的时期。城市中相互垂直的纵横交错的道路把城市土地分割成若干的坊，唐代诗人白居易的《登观音台望城》诗曰："百千家似围棋局，十二街如种菜畦。"这些坊的建筑形态的典型特征是：平面呈长方形，坊的四周以高墙围合而形成对外封闭的空间，坊内有东西横向的一字道路和十字道路，还有许多小巷（即唐代文献记载中所称的"曲"）由主街通向各户住宅。道路的尽头辟门，每个坊门上书写坊名，如唐长安城内有"永兴坊"、"平康坊"、"道政坊"等。《大业杂记》中这样描述隋东都里坊制度："各周四里，四门临大街，门普为重楼，饰以丹粉。"韦述《两京新记》中亦载："每坊东西南北各广三百步，开十字街，四出趋门。"由此可断，隋唐里坊的坊门上不但建有檐楼，还装饰色彩，进而出现了真正意义上的牌坊的原形。

坊的社会功用主要有两个方面：其一是治管防乱。"坊"即"防"之意，

《礼记·坊记》中曰："君子礼以坊德，刑以坊淫，命以坊欲。……子云：关礼者，所以章疑别微以为民坊者也。"各里坊都实行每天按时启闭坊门的制度，以便于管理居民，防止犯罪和强化统治，如《旧唐书·五行志》中所载："今暂逢霖雨，即闭坊门。"其二是告示表彰。因为坊门是人们日常出入的必经之路，凡逢有事告示于坊内居民或者有事表彰坊内居民的时候，地方官员就会张榜于该坊的坊门上，或者悬牌于门柱上，恰如白居易的《失婢》诗中语："宅院小墙庳，坊门贴榜迟。"表彰坊内居民的嘉德懿行，即称为"表闾"或者"旌表"，这便是后来牌坊的主要社会职能之一。《后汉书·百官五》中载："凡有孝子顺孙，贞女义妇，让财救患，及学士为民法式者，皆扁表其门，以兴善行。"坊门因而成为维护封建统治和宣扬道德教化的工具。

这种布局方正、管理严密的里坊格局，自五代开始发生了变化，城市中出现了"民侵街衢为舍"的现象，商业活动不再局限在指定的"市"内进行。随着商业活动的进一步活跃发展，"侵街"现象越来越严重，原有的城市布局被打破，到了北宋中叶，手工商业的进一步发展，使矛盾加剧。宋太祖于乾德三年（公元965年）废除夜禁，宋仁宗下令拆除坊墙，里坊制度从此崩溃，宋都城汴梁开始临街设店，坊墙纷纷被拆除，封闭的里坊制逐渐由开放的街巷制所取代，宅店、酒楼等商业娱乐建筑也都大量地沿街兴建，从而改变了整个城市的面貌。

虽然坊墙被拆除了，但是原先位于道路上的坊门及其坊名，仍旧作为地域标识被保留了下来。只是坊门的门扇如果不再有任何实际用途，就被拆卸掉了，从而使过去的坊门变成了既不连墙又不带门扇的独立的坊门，立于街头巷尾，同时还保留着旌表之意。宋代的《平江府图碑》上，刻绘有脱离坊墙、立于各街巷的坊门五十余处。碑刻上的坊门形象比较简单，两立柱上架起一横木（额枋），其上覆一檐楼，并书写坊名，其形式已非常接近我们今天所见到的"二柱一间一楼"式的牌坊。其中有一题为"武状元坊"的坊门，是以功德标榜坊名的实例，可见坊门仍旧具有旌表的功能。

由此可见，衡门和里坊门具有构成牌坊的基本原形的特征。牌坊与牌楼虽可混称，但并不意味着它们之间没有区别。梁思成先生说："牌坊较牌楼简单，虽亦四柱冲天，单柱间只要绦环华板，上面没有斗栱或楼檐遮盖。"[⑩]可见两者都可以做冲天柱式，其中牌楼也可以不做冲天柱式，即柱不出头，而牌坊与牌楼的根本区别则在于是否带有檐楼。[⑪]

社会经济的发展、城乡建设的繁荣、科技水平的提高以及人们的精神追求和道德教化程度的加深，牌坊和牌楼，在衡门和里坊门这两个基本原形的基础上，各自"摹拟"并融合了"情感和精神所认可"的华表和门阙两种建筑元素，进一步丰富了牌坊（牌楼）建筑的创作，"或许我们也可以认为，牌坊与牌楼，原本就是分别由两个不同的源头演变而来"[⑫]。因而关于牌坊的起源还可以细分为牌坊的起源和牌楼的起源。

1.2 牌坊的形成（包括乌头门和棂星门）

由冲天牌坊的解构图可以看出，冲天牌坊可以还原为华表柱和坊门两个原形。今之华表，多为汉白玉雕饰而成，作为空间的前导小品建筑，位于宫宇、城垣、桥头、陵墓前，壮美华丽，气势磅礴。

1.2.1 华表

华表，产生于上古时代，汉代称"桓"或"桓木"、"桓表"。关于华表的源起有多种说法，有的说它源于远古时代的部落图腾柱；有的说它是由古代一种观测天时的天文工具演变而来的；有的说它起源于古人标示道路的木柱；早在汉代就有人说它来源于上古尧舜时代的"诽谤木"。以现存实例和历史文献为依据可知，古人标识道路的木柱和上古时代的"诽谤木"这两种说法较为确切。

所谓"诽谤木"，相传是尧舜时代的一种民主设施，即在大路交汇口立一

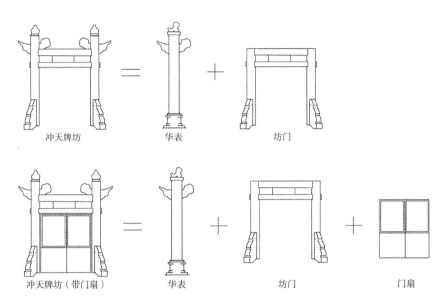

冲天牌坊　＝　华表　＋　坊门

冲天牌坊（带门扇）　＝　华表　＋　坊门　＋　门扇

图1-4
无门扇冲天牌坊（前页下图）与带门扇冲天牌坊的解构示意图

木柱，上面置有两根十字交叉的横木，称为"交午柱头"，以便百姓在上面"书政治之恣失"。战国时曾任秦相商鞅宾客的晋国人尸佼，在其《尸子》中有"尧立诽谤之木"之说。西汉淮南王刘安及其门客苏非、李尚、伍被等人所撰的《淮南子·主术训》中有"古者，天子听朝，公卿正谏……故尧置敢谏之鼓，舜立诽谤之木，武王立戒慎之鞀……"的记载。《汉书·文帝纪》载："诏曰，占之治天下，朝确进善之旌，曰'徘谤木'。""服虔曰，'尧作之桥梁，交午柱头也'。"《后汉书·杨震传》中有"臣闻尧舜之叫，谏鼓谤木，立之于朝"的记载。晋崔豹著《古今注·问答释义》中载："程雅问曰：'尧诽谤之木，何也?'答曰：'今之华表木也。以横木交柱头，状若花也，形似桔槔，大路交衢悉施焉。或谓之表木，以表王者纳谏也，亦以表识衢路也。秦乃徐之，汉始复焉，今西京谓之交午柱'。"北魏《洛阳伽蓝记》载："宣阳门外四里，至洛水上，作浮桥，所谓永桥也。……南北两岸有华表，举高二十丈，华表上作凤凰似欲冲天势。"《汉书·尹赏传》明确记载："……便舆出瘗寺门桓东。"唐颜师古注："如淳曰，旧亭传于四角百步，筑土四方，上有屋，屋上有柱出高丈余，有大板贯柱四出，名曰'桓表'，悬所治夹路两边各一桓。"唐颜师古又注："即华表也。"

华表作为道路标识，曾被广泛地应用于城垣、路口、桥头，尤其是陵墓当中，汉《说文》中释曰："桓，亭、邮表也。"宋代张择端所绘的《清明上河图》和《金明池夺标图》二图中可见到虹桥两头树立的两对华表。建于金代的卢沟桥的桥头两端至今还保留着两对石制华表，此可见于元画《卢沟运筏图》。元代宫城正门承天门（今天安门）内外各立一对华表。华表主要应用在历代帝王和达官显贵的陵墓建设中，作为一种特殊的符号标志，以烘托陵园的庄重肃穆的气氛。华表作为陵墓的标识，始于先秦时期，当时为木制且形制简单。自东汉起，陵墓的华表多改为石柱，被称为"神道石柱"或"墓表"，装饰陵园墓道，如南京的南朝萧景墓前的华表和梁萧绩墓前的华表至今仍保存较

图1-5
宋《清明上河图》中的虹桥

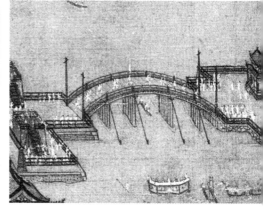

图1-6
宋《金明池夺标图》桥两头各立有一对华表柱

好，陕西唐乾陵前立华表一对，河南巩义的宋代"八陵"，每一陵园中都有石华表，明清两代帝王的陵墓也大都立有华表。明清时期，在一些民间住宅门前和坟墓前仍可见到像华表一样的木质或石质标杆。

华表外观结构可分为三部分：基座、柱身和柱头。基座多为方形石台或须弥座，明清时柱身为圆形（唐乾陵华表柱的柱身为八边棱形）以便遍体雕饰，柱身上有承露盘和立兽。柱身上部的云板，据考，最初是从汉代华表顶部

图1-7
《卢沟筏运图》中卢沟桥两端立华表柱

图1-8
天安门前华表柱

图1-9
华表立面图

图1-10
明十三陵碑亭前华表

图1-11
浙江武义俞源民宅大门

的交午横木演变而来的。华表的形制随着发展日渐复杂，装饰也日渐丰富，它的壮美早在三国时何晏的《景福殿赋》中就有记载："故其华表则镐镐铄铄，赫然章灼，若日月之丽天也。"李善注曰："谓华饰屋之外表也。"

1.2.2 乌头门

乌头门主要安装在营寨、宅院的栅栏上或围墙上。在开口处的两侧深埋冲天柱，上端横木榫实，形成门框以安门扇。门扇上部为透空棂条，下部为木板。其演变可以看成是：将精美威严的华表稍作变化之后，置换原有的坊柱，重构坊门。坊门的形式由此发生了巨大的变化，即一根横梁（额枋）将两根高过门顶的华表柱联系起来，其间设门扇，形成一种新式的"门"。由于两冲天立柱的柱头用乌头装饰，故号"乌头门"，后又称"棂星门"。移植到坊门上的华表柱，其柱身既可以是圆形，也可以为方形。由今河北清孝陵龙凤门中的棂星门柱可以清晰地看出华表柱移植后的身影。

"乌头门"之名最早见于北魏《洛阳伽蓝记》，其特征为"上不施屋"，与古之衡门相似。宋《册府元龟》对乌头门的记载曰："正门阀阅一丈二尺，二柱相去一丈，柱端安瓦筒、墨染，号乌头染。"宋李诫的《营造法式》载："其名有三，一曰乌头大门，二曰表揭，三曰阀阅，今呼为棂星门。"就乌头门的规模，宋《营造法式》记载："造乌头门之制，高八尺至二丈，广与高方。"这已是以往的衡门和坊门无法比拟的了。由于乌头门华贵庄重且精美威严，因而它多被有权有钱的大户人家所采用。《唐六典》明确记载："六品以上仍用乌头大门。"《宋史·舆服志》亦载："六品以上许作乌头门。"

乌头门与衡门相似而无大别，刘敦桢在其《大壮室笔记》中论述两汉宅第建筑时云："其县寺前夹植柱表二，后世二桓之间架木为门，曰'桓门'。"这与宋《册府元龟》所载乌头门原形类似，"桓（衡）门"即为"乌头门"。

宋《营造法式》中亦称乌头门为"阀阅"，可见乌头门仍具有旌表之功能，与尔后的牌坊的旌表职能一致。《玉门·门部》载："在左曰阀，在右曰阅。"仕宦人家为将功业张扬于门前，在大门外树立柱子，题记功业。大门左边的柱子称阀，大门右边的柱子称阅。《史记·高祖功臣侯者年表》中太史公曰："古者人臣功有五品，以德立宗庙定社稷曰勋，以言曰劳，用力曰功，明其等曰伐，积日曰阅。""伐"通"阀"。阀阅就是指资历和功绩。阀阅之门，本为物件，却被视为一种世代因袭的家族地位的象征，"在此意义上，它后来演为衙署，王府门前的牌坊，并大量用于宗祠建筑中"⑬。

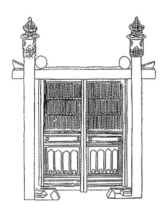

图1-12
宋《营造法式》中乌头门形象

图1-13
棂星门

1.2.3 棂星门

"一曰乌头大门……今呼为棂星门。""乌头门"是唐以前的称呼，宋时改称为"棂星门"。棂星即"灵星"，又称"天田星"（清代袁枚《随园诗话》）。汉高祖规定，祭天前先要祭灵星，并修建有灵星祠；宋天圣六年（1028年），宋仁宗建造祭天地的"郊台"，设"灵星门"，宋景宗年间（1260~1264年），被移到孔庙，以示意尊孔如尊天。灵星与孔子无关，而因灵星门为木制，门扇

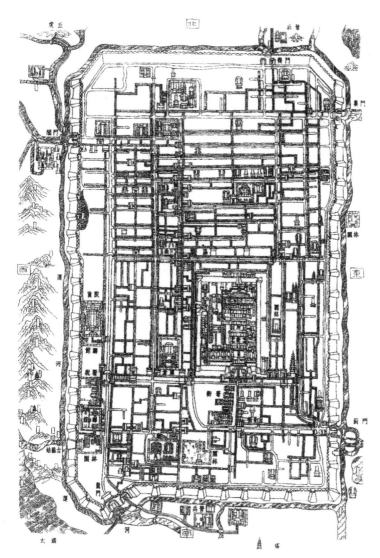

图1-14
《平江府图》

上有直窗棂，为区别于"灵星"，故改作"棂星门"。棂星门的形制与宋《营造法式》中所绘乌头门的形制大体相似，其建筑形制之根本区别在于额枋数量之多寡，前者有两根额枋，而后者只有一根额枋——有两根额枋是乌头门向棂星门、牌坊转化的关键步骤；其建筑意义的区别在于前者意在尊崇，常见于坛庙、寺观、衙署、宫苑、陵墓之中，彰显庄严，然后者有旌表之意，故多用于官宦住所，以显权贵。

在许多宋代的绘画作品如《高宗北使图》、《龙舟图》以及碑刻《平江府图》中，都可以见到棂星门的形象，至今还保存着许多建筑实物，如山西太原市文庙棂星门、天坛圜丘四周的带栅栏门的棂星门坊，它们的形制与《营造法式》中所绘制的乌头门甚似。到明清时期仍旧沿用棂星门，乌头门形制则渐失。

关于乌头门、灵星门和棂星门三者之间的关系，近年有学者考证研究认为，它们三者之间是不能互换相称的，因为："灵星门是用于最高标准建筑群体的大门，同用于一般官宦宅第的乌头门根本不能相提并论。灵星门只限于皇帝陵寝、孔庙及高等祭祀建筑。""灵星门均属大木大式建筑，其铺作斗栱形式多样，构造复杂并饰以高规格彩绘，比起造型简单的乌头门尽显宏丽豪华。"[14]还有学者指出："只有灵星，而无棂星，棂星是灵星的讹传……灵星门有内容，有文化背景。而棂星门则无内容，只是敷衍搪塞的产物。……唯棂星门除有棂格外，无历史文化背景，显得十分苍白浅薄。"[15]这样的搪塞滥用早在宋代就开始了。[16]

云南建水文庙的棂星门与一般的棂星门不同：单檐歇山屋顶，三间两进，中间设门和通道，两边各设有侧屋，属于塾门形制；屋顶正脊上，等距离地伸出四根如华表状的木柱，柱上端凿通卯，以云板穿插其间，柱头上安置青花陶瓷云罐，柱体油漆红色。这样形制的棂星门还属首例。学者认为此棂星门的设计意图在于想冲出世俗，用塾门来代替棂星门，但社会不容，故而在塾门

图1-15
云南建水文庙棂星门

之上伸出四根象征棂星门的华表状柱头，以此来迎合世俗传统，即该棂星门可以看成是"墼门和棂星门的混合体"[17]。这座棂星门坊与尔后如广东地区的一些有进深的、次间高于明间的牌坊，在形式溯源上有相似之处。

1.2.4 冲天牌坊

棂星门在场所中往往只作为一种空间标识，少有具体的割断、防卫之功能，因而其上的门扇也就可有可无，于是，形制简化后的棂星门就只剩下立柱和额枋了，由于立柱远远高出额枋，呈冲天状，便形成了"冲天牌坊"，

图1-16
一柱一间冲天牌坊及冲天牌坊柱顶雕刻（蹲兽、毗卢帽、盘龙柱）

这种形式的牌坊遍及全国，为牌坊的主要形制之一。有的冲天牌坊出头的柱顶上覆陶瓦"云罐"（因其形状如毗卢帽，又俗称毗卢帽）或置蹲兽或雕盘龙柱。

乌头门、棂星门、冲天牌坊交织融合地发展演变，处处可辨它们与其原形衡门、华表柱、坊门之间的密切联系，即所谓"透过现象看本质"。从史料和实例的分析中，我们了解到了历史上纷杂的现象，即建筑的表现形态，类型学应用抽象简化的手段，让我们见到了这些现象背后的本质片段，类型学设计方法就是将这些遗留的本质片段加以重构、置换、组合，最终把它们还原到现实生活中去，这就是类型的转换。这种"转换"是在保持深层结构基本相似或者不变的情况下，对片段进行重组，"从而产生出类似以往已有建筑而又绝不同于以往任何建筑，既保持人们所需要的视觉连贯性又取得情感上一致的新建筑"。[18]

我们虽然不能肯定古人有我们今天如此的哲学理论推导，但是也应该相信我们的先人——如同我们在今天的社会中一样——在当时的社会中，既是富于创造和革新的，又是富于怀旧和念古的。

1.3　牌楼的形成（包括冲天牌楼）

梁思成先生在《敦煌壁画中所见的中国古代建筑》[19]中，以敦煌的众多北魏石窟中的阙形壁龛和壁画为线索，提出北魏时期的连阙是阙向牌楼演变的过渡样式，连阙"之发展，就成为后世的牌楼"。梁先生还提出："牌坊为明清两代特有之装饰建筑，盖自汉代之阙，六朝之际，唐宋之乌头门棂星门演变成型者也。"[20]

明代方以智在其《通雅》中对前人的说法作了这样的总汇：

士夫阀阅之门，亦谓之阙。唐宋敬则以孝义世被旌显，一门六阙相望。又杨炎祖哲，父播，三世以孝行闻，门树六阙。阙言额也。又尹仁智曾祖养，祖怀，父慕先，一门四阙。《史记·功臣表》："明其等曰伐，积日曰阅。"《汉书》："赏阀阅上募府。"后因作阀阅。元之品制，有爵者为乌头阀阅。《册府元龟》言："阀阅二柱，相去一丈；柱端安瓦筒，号为乌头染，即谓之阙；柱端之筒谓之沓头，又曰护朽。"

古人方以智曰："士夫阀阅之门，亦谓之阙"，再曰"号为乌头染，即谓之阙"；今学者梁思成语："盖自汉代之阙"，"唐宋之乌头门棂星门演变成型者"。再由牌楼的解构图可以看到，牌楼可以还原为阙和坊门两个原形。或许可以说，牌坊和牌楼的区别就是各自涵盖了华表和阙两个不同的原形。

1.3.1　阙

"待从头收拾旧山河，朝天阙。"[21]

许慎在《说文解字》中释"阙"为"门观也"，即一种门形的构筑物，迟至周代已经产生。商代甲骨文中已有"阙"字的形象。关于"阙"，最早的

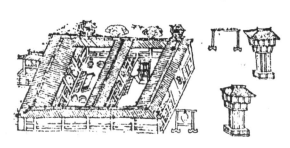

图1-17
汉画像砖石刻宅第门前双阙

图1-18
东汉"凤阙"画像砖

文献记载见于《诗经·郑风·子衿》，曰："挑兮达兮，在城阙兮。"可见周代已有城阙。《尔雅·释宫》："观谓之阙。"晋代《古今注》曰："古每门树两观于其门，所以标表宫门也。其上可居，登之则可远观，故谓之观。"阙，可居可观，巍峨高大，东汉高秀注《淮南子》道："魏阙……巍巍高大，故谓魏阙。""魏"同"巍"，因而阙又有"魏阙"这一别名。正如前文提到的"魏阙衡门路自分"。

"阙"名之由来，见《说文解字》："阙，观也，在门两旁，中央阙然为道也。"文中"阙"和"缺"相通，强调"空缺"的部分。"标表宫门"，可见阙具有等级意义和旌表功能，汉班固《白虎通义》言："门必有阙者何？阙者，所以释门，别尊卑也。"再者刘熙的《释名·释宫室》载："门阙，天子号令，赏罚所由出也。"《古今注》还载："人臣将朝，至此则思其所阙多少，故谓之阙"（其中也是"阙"同"缺"），其意为：大臣们在面君临阙时，要自我反思其还差多少。众多的史料为我们提供了丰富的历史场景素材，这让我们可以清晰地想象到尔后的诸多牌坊的社会警示意义：让穿行其间（因为"中央阙然为道也"）的人们反思自己和牌坊所旌表之人的差距，以自强、自律而后生。

图1-19
张掖东汉墓出土的陶楼院

图1-20
焦作东汉墓出土的陶楼院

图1-21
四川雅安高颐阙

　　阙有宫阙、城阙、宅第阙、坞壁阙、陵阙、墓阙、祠庙阙等不同的用途，同时也有单层阙、子母阙、双阙、门连阙等多种形象。阙的形象的一个突出特点就是：无论是主阙、子阙，还是阙门，它们都带有雕饰精美的檐楼。阙虽多为石制，但亦是模仿木结构的形象，檐下雕刻出斗栱和额枋，或者不雕具象的斗栱，而叠涩砖石来承接檐楼。由众多出土的汉代画像砖和现存阙之建筑实例，如四川雅安的高颐阙，都可见阙的形象实证。其中四川成都羊子山东汉墓的画像砖上的凤阙图案体现了墓主人生前所住宅门的情形，它虽为门阙，但与尔后的坊门极为相似，印证了前文提到的"门普为重楼"、"坊有门楼"之说。

　　坞壁阙[22]，"是由汉阙发展来的，形制上已有显著的变化"[23]，其中间连屋的屋顶高度的变化，尤能说明尔后的牌楼以明间屋顶为构图中心的来源。敦煌第275窟（十六国晚期）壁画中的阙形龛，其形象特征为中央屋顶位于主阙屋顶之下，而较子阙屋顶高；敦煌第257窟（北魏）南壁的《沙弥守戒自杀品》壁画中的中央屋顶已不再低于主阙而与主阙相平；敦煌第275窟中南壁壁画《太子出游图》中的中央屋顶已高出主阙屋顶，成为整个建筑的构图中心[24]，这一绘画实例已与后来发展的牌楼在物质形象上几乎相同，这即是阙为牌楼原形的充分验证。

图1-22
十六国晚期敦煌第275窟
壁画中的阙形龛

图1-23
北魏敦煌第257窟南壁《沙弥守戒自杀品》壁画中阙

图1-24
十六国晚期敦煌第275窟中南壁壁画《太子出游图》中阙

阙大多遍体雕饰，精美华丽，梁思成在《中国建筑史》中指出："石阙的雕饰方法，一部平及如武氏祠石，而主要雕饰皆剔地起突四神及力神，生动强劲，技术极为成熟。"㉕

1.3.2 牌楼

南朝《南史·孝义传》记载："……雍州刺史西昌侯藻嘉其美节，乃起楼于门，题曰'贞义卫妇之闾'。"可知门坊上已经建楼。

那"楼"又从何而来呢？牌坊将"阙的形制吸纳进来，融入到乌头门（棂星门）的形制中去，从而使牌坊迈出了演变发展成为牌楼的重要一步"㉖。阙，是门的一种形式，也具有表闾之功能，尤其是其檐楼，造型优美、气势壮观、装饰华美，于是古人借鉴阙的形制，将阙的檐楼形象移植到坊门（乌头门、棂星门）的横梁上来，并在楼檐下设置斗栱、增架梁枋、雕绘图案，进而变成带有檐楼的牌楼。据研究考察，现存的众多琉璃牌楼，受阙的形制影响最大。

牌楼，由于融入了中国古代建筑造型中最具特色的构件——屋顶后，变得更加精美华丽且更富有变化，有单檐或重檐，有起一楼起三楼或更多，有庑殿顶、歇山顶或悬山顶，檐下的斗栱有普通斗栱或如意斗栱，有出三跳、四跳

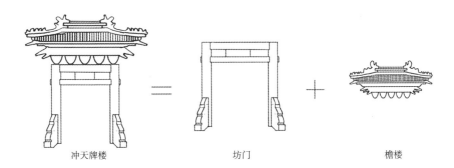

冲天牌楼　　　　　　　坊门　　　　　　　檐楼

图1-25
牌楼分解示意图

甚至五跳……种种类型，层出不穷。除了屋顶的变化外，高栱柱的应用和额枋数量的变化，也为牌楼增添了新的创作空间和元素。

高栱柱，立在每间额枋中段上的两根短木，其上再架一额枋，额枋上做斗栱再起檐楼，高栱柱两侧和中间为牌楼的创造提供了新的空间框架。高栱柱之间还可以加架一横梁，其间再被分为上下两部分。可以说，高栱柱的出现是使牌楼从乌头门、棂星门中脱胎出来的最富创造性的一举。[27]

额枋，也由早期的一根变为两根，有的甚至更多，如山西皇城相府的清代石牌坊额枋数目就达六根之多。上下额枋之间镶嵌匾额或镂空花板。镂空的花板既增添其华丽，又可减少风力。花板之间用折柱分割。短小的折柱、挺秀的高栱柱、高耸的立柱三者之间协调对比，主从相融。

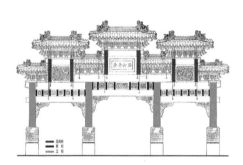

图1-26
牌楼中的立柱、高栱柱、折柱

图1-27
山西皇城相府牌楼

在木牌楼的檐楼下面有铁杆支撑屋顶，即"铁挺钩"，又称"擎"，俗称"霸王杠"，此为单纯的承重附加构件，而非有其他实际功用。

1.3.3 冲天牌楼

用数学集合原理中的并集规则来推导，冲天牌楼可以看成是冲天牌坊和

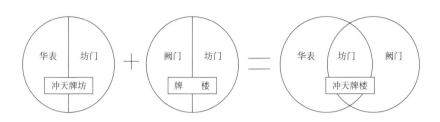

图1-28
数学集合原理分析牌楼与冲天牌楼的关系

牌楼叠加合并后所形成。冲天牌楼一般为两冲天柱间只做一楼，但也有一间多楼的形式，如北京国子监牌楼，其立柱外侧挑梁枋连接悬空垂花柱，梁枋上再起楼，而成两柱一间三楼冲天柱式。

　　冲天牌楼兼具牌坊和牌楼的形制，更具体来讲就是集华表柱的挺拔秀美和檐楼的造型气势于一身，如北京颐和园"蔚翠"木牌坊。有的冲天牌楼，还保留着乌头门立柱间设门扇的遗风，如清乾陵、泰陵的二柱门。

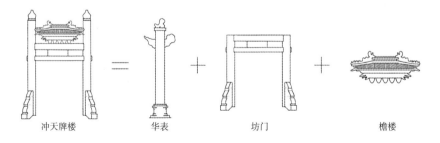

图1-29
冲天牌楼分解示意图

　　清代皇家宫苑建筑（皇家建筑和皇家园林）内所建造的牌坊都是有楼的牌楼，有柱冲天的，也有柱不出头的。其原因或许在于皇室是封建等级观念的坚决维护者，无论是哪一类型的皇家建筑，都要使用最高级别的建筑形式，即使是牌坊这样的建筑小品。屋顶是中国传统建筑中最好的等级标志和象征之一，所以只要是皇室建筑，都必须具有屋顶，即采用有楼的建筑形式。

1.3.4 彩楼欢门（门脸牌楼）

自宋代开始，家庭经营的工商业日益发达，经营手段也进一步发展，由商业的发展所带来的城市结构布局的变化，使沿街开设的店铺的商业宣传手段也层出不穷。彩楼欢门就是其中一种，孟元老《东京梦华录》卷二中记载北宋时"凡京师酒店，门首皆缚彩楼欢门"，张择端的《清明上河图》中绘此类"彩楼欢门"多达五处，到清代，这种形式的牌楼可谓遍布各地。

图1-30
宋《清明上河图》中的"彩楼欢门"

彩楼欢门，是一种冲天式的牌楼，也叫门脸牌楼，顾名思义，是商业店铺的门面形式之一，是牌楼的一种延伸应用。牌楼起初由坊门脱离坊墙而独立出来，而今又以门脸牌楼的形式与建筑结合起来[23]，所不同的是：前者所营造的气氛是封闭而又庄重的，后者则是开放而又欢快的。

　　门脸牌楼的旌表意义相对淡薄，但是其标识和装饰功能则异常显著，再加上它又多处于世俗民间之中，因而它的形式有的就异常夸张，比如有的冲天柱高出檐楼顶部达整个柱高的三分之一之多，有的在两冲天柱之间嵌上双重或三重檐楼，有的冲天柱之间的横向分割多达四层楼高，有的二层以上还装饰雕版栏杆而具有一定楼阁的形象，有的楼柱上挑出梁头，悬挂各式幌子……店家们相互攀比、哗众取宠的心理，被宣泄得淋漓尽致，虽然这些造型变化都还只是仍停留在竖向二维平面上。

　　门脸牌楼多紧贴店铺外墙而立，立柱一般与店铺檐柱相结合，牌楼的梁枋与屋顶持平或高出屋顶，使得牌楼的顶部不与店铺发生冲突，有自己独立创作发展的空间。也有的门脸牌楼不紧贴建筑，而完全独立在店铺之前，成为单纯附加的装饰标识性建筑。

图1-31
古代门脸牌楼

1.4　门楼（牌楼门）

门楼（牌楼门），是牌楼与建筑或围墙相结合的另一种形式，常见于宫苑、宗祠、会馆、庙观、宅第之中，如四川大足圣寿寺牌楼式门屋、四川峨眉山虎浴桥以牌楼门作桥门。门楼立柱间可设置门扇，也可不设。湖南、安徽、浙江等省内的诸多宗祠建筑入口大门做成牌楼门形式，其常见的做法是用雕饰过的砖石在大门周围的墙面上砌筑出牌楼的形象，其意图，除了利用牌楼良好的装饰效果外，更是欲把牌楼所独具的旌表意义，赋予建筑大门，以至整个宗祠建筑群，乃至整个乡野村落，更至历代宗族世家。北京太庙还设有琉璃牌楼门。

图1-32
四川西秦会馆武圣宫大门

图1-33
广西全州县石头岗村燕子祠堂的燕窝门楼

图1-34
湖南永顺谢家祠大门

　　有的牌楼门建造华贵精美、造型奇特、气势宏大，如四川自贡西秦会馆的武圣宫牌楼门，三重屋顶，四十多个坡屋面，六十多条屋脊；再如广西全州县永岁乡石头岗村燕子祠堂的燕窝门楼，整座牌楼四周无任何依托，仅凭四根成一直线的大木柱支撑，门两侧虽有四根矮木柱通过穿梁与大柱相扣，但全楼的重心仍刚好落在四根立柱上。有的牌楼门则简洁朴素、精致大方，如湖南永顺谢家祠堂入口门楼，简单易行地利用门楼的装饰功能来强化大门的效果。

　　综上所述，从现有的建筑实例、历史文献以及类型学和符号学原理来看，牌坊是综合了门、柱（华表）、坊、阙、屋等建筑要素（包括每个元素的物质实体和精神意义两方面），经过组合、重构、抽象、变形之后所创造出来的一种"新"的建筑形象。

　　至此，我们梳理出一条如图1-35所示的牌坊历史发展沿革脉络图。

　　本论文中未特别注明的地方，牌坊和牌楼，仍随习惯统称为牌坊或者牌楼。

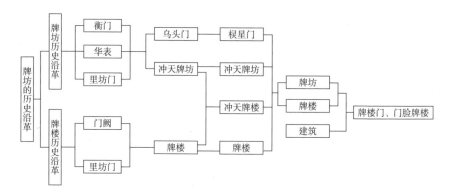

图1-35
牌坊历史发展沿革脉络图

注释:

① 楼庆西. 中国古建筑小品 [M]. 北京:中国建筑工业出版社, 1993. 前言.

② 同①

③ 黑格尔. 美学 [M]. 燕晓冬编译. 北京:人民日报出版社, 2005:3.

④《南方都市报》(2003.10.13)和中央电视台第十频道《世界文化遗产之皖南古村落》均载
"牌坊起源于汉代";何珊. 访棠樾牌坊群 [N]. 长江建设, 1996 (6).

⑤ 金其桢. 中国牌坊 [M]. 重庆:重庆出版社, 2002:6.

⑥ 刘敦桢. 刘敦桢文集(一)[C]. 北京:中国建筑工业出版社, 1982:199.

⑦ 金其桢. 中国牌坊 [M]. 重庆:重庆出版社, 2002:7.

⑧ "比"是小于间的编户单位,《周礼·地官》载"五家为比, 五比为间",《周礼·地官》还
载"五家为邻, 五邻为里"。"间"和"里"都指二十五家, 故古人常连用二字, 称"间里"。

⑨ 刘敦桢. 中国古代建筑史 [M]. 北京:中国建筑工业出版社, 1980:48.

⑩ 梁思成. 店面简说 [M] //萧默. 中国建筑艺术史 [M]. 北京:中国建筑工业出版社,
1999:799.

⑪ 覃力. 说门 [M]. 济南:山东画报出版社, 2004:32.

⑫ 同⑪

⑬ 张亦文.《营造法式注释》卷上"乌头门与灵星门"误作同类门的献疑 [J]. 古建园林技

术，2004（4）：18.

⑭ 同⑬

⑮ 陆泓. 云南建水县孔庙棂星门形制分析与探讨［J］. 古建园林技术，2004（4）：21.

⑯ 同⑮

⑰ 陆泓. 云南建水县孔庙棂星'门形制分析与探讨［J］. 古建园林技术，2004（4）：31.

⑱ 汪丽君，舒平. 类型学建筑［M］. 天津：天津大学出版社，2004：57.

⑲ 吴裕成. 中国门文化［M］. 天津：天津人民出版社，1998：25.

⑳ 梁思成. 梁思成文集（三）［C］. 北京：中国建筑工业出版社，1998：163.

㉑ 岳飞. 满江红.

㉒ 萧默. 敦煌建筑研究［M］. 北京：文物出版社，1989：96.

㉓ 同㉒

㉔ 萧默. 敦煌建筑研究［M］. 北京：文物出版社，1989：106.

㉕ 梁思成. 梁思成文集（一）［C］. 北京：中国建筑工业出版社，1998：172.

㉖ 金其桢. 中国牌坊［M］. 重庆：重庆出版社，2002：19.

㉗ 还有一举指的是屋顶，见：萧默. 中国建筑艺术史［M］. 北京：中国建筑工业出版社，
1999：801.

㉘ 还有几种牌楼与建筑或围墙结合的形式，一是门楼或门牌楼，二是如天坛棂星门与围墙结
合一样的棂星门。

第二讲

牌坊的类型

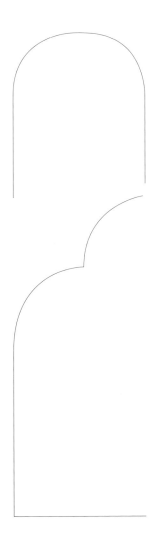

牌坊遍布全国各地，类型繁多，但是可以从建筑材料和建筑功用两个方面来划分。

2.1 按建筑材料划分

就建筑材料而言，牌坊可以分为木牌坊、石牌坊、砖牌坊、混合牌坊、琉璃牌坊、杉篙与绳扎的临时性牌坊。这些类型的牌坊既可以做成立柱冲天式，也可以做成立柱不冲天的。

2.1.1 木牌坊

木牌坊是所有牌坊的最原始和最基本的形式。它多见于城市而少见于乡野，多见于宫苑、坛庙、街道、店铺，而绝少见于陵墓。

由现存木牌坊实例推知，木牌坊一般都带有檐楼。檐口下置多踩斗栱，在挑檐桁和额枋之间，前后都用铁挺钩支撑。牌坊的非承重构件，如花板、斗槽板等多做镂空花饰，或根本不做斗槽板以减少风荷载。牌坊的立柱下部包以

图2-1
颐和园东南门木牌楼遗存的圆柱形夹杆石

图2-2
云南禄丰星宿桥东牌楼的砖砌夹杆石

夹杆石深埋入地下，并加铁箍以箍紧柱础。夹杆石的平面多为方形，也有极少的采用圆形，如颐和园东南门残留的木牌坊夹杆石为圆形平面。较简易、矮小的木牌坊，不用夹杆石而用抱鼓石前后夹持立柱。

有的木牌坊为了进一步加强自身的稳定性，边柱不做夹杆石或抱鼓石，而是用砖砌筑厚实的墙体把边柱包裹起来，牌坊外观造型坚实而显厚重，如云南禄丰星宿桥桥东牌楼，昔日云南昆明城中心的"金马坊"、"碧鸡坊"和"忠爱坊"等就为此造型。

用木材来建造牌坊，取材和加工制作都较为方便，但是木料经过长期的风吹雨淋，极易腐蚀，所以现存的木牌坊大都建于明清时期，尤以清代为甚。

除了木材建造的牌坊外，还有旧时为了节庆活动或婚丧仪式而在门前、街道路口搭建的临时性牌楼，俗称"彩牌楼"或"素牌楼"。这类牌楼以杉篙（杉木杆）或竹竿为骨架，用缚绳（古代建筑施工专用的一种麻绳）绑扎而成，仪式活动完毕后马上拆除。临时牌楼的造型多模仿过去传统的牌楼样式，也有冲天和不冲天之分，但一般都带有檐楼以便更好地渲染气氛。牌楼若是为丧事所建，即用苇席制成"额枋"和楼层，形成素牌楼；若为喜庆活动而立，一般用彩布、彩绸或色纸，编结成花装饰，形成"彩牌楼"或"花牌楼"；有的还用松枝扎成，称为"松塔牌楼"。清康熙年间王原祁所绘《万寿盛典》图中有"高呼万岁"、"圣寿齐天"等彩牌楼。

相传"素牌楼"、"彩牌楼"出现于明永乐年间，由北京棚匠[①]刘富贵所创。其人技艺高超，还能用杉篙和苇席支搭钟、鼓楼等造型复杂的建筑，技惊全城，后人为了纪念他，将他的居住地称为"棚匠刘胡同"。

2.1.2　石牌坊

早期的牌坊均为木制，明代以后才有石制的牌坊出现，概与盘车吊装石料的施工技术的发展普及有关，而后石制牌坊盛行于世。石牌坊，由于其适应

图2-3
清康熙年间王原祁绘《万寿盛典图》中"圣寿齐天"（左）、"高呼万岁"（右）彩牌楼

图2-4
山西原平市武阳村朱氏牌坊及其戗杆

图2-5
山西五台山龙泉寺的石牌坊

自然条件的能力强，耐久性能好，取材广泛，因而较之木牌坊，数量、分布、应用广泛，形式种类也最复杂。

　　起初的石牌坊基本上完全仿照木牌坊的造型来建造，其中以山西原平市武阳村的朱氏牌坊和五台山龙泉寺的石牌坊最为彻底，而最具有代表性。龙泉寺石牌坊为四柱三间三楼式，柱间架两层额枋，枋上施斗栱，斗栱前后出跳承载檐檩，檐檩上承托檐椽和飞椽，椽上有望板，板上铺瓦，屋顶是歇山式，脊上均有吻兽装饰；在各层额枋、夹杆石、八根戗柱上都通体雕饰；在额枋之下装饰挂落，中央额枋开间上方加设木结构特有的悬芦柱装饰。龙泉寺石牌坊从整体到细部，不仅彻底模仿木牌楼的特征，还"变本加厉"地引入诸多房屋建筑的细部构件特征，已完全失去石建筑的特点，繁琐之至，为一特例。经过相当长的时间，石结构的牌坊才形成了符合自身造型和加工特点的形式。

石牌楼柱子，平面除用正方形外，也可用长方形，取其进深大于面阔比较稳固。一般石额枋比木额枋粗壮。为减轻自重，石额枋断面大多高而不厚。檐下多做简单的或象征性的斗栱。较小的石牌坊，柱子前后和边柱的三面做抱鼓石，或者前后置带山兽的须弥座。较大的石牌坊，一般加设样框，柱下包厢杆石、夹杆石、嚙口石等，形成很高的柱墩并深埋入地下。石牌坊一般不用戗柱，屋顶出檐也较小。如山东曲阜孔庙的"太和元气"石坊用整块石料代替几层额枋，其上盖一块三角形石料，以此表示屋顶，且屋顶下面没有屋檐和斗栱，该牌坊已经不具有木结构的形式了。有的石牌坊不做檐楼，而在额枋上加"火焰"装饰，称为"火焰牌坊"。

石牌坊所用石料亦多样，有青色石料，如安徽歙县棠樾牌坊群用当地的"歙县青"石料；有红色砂砾石，如安徽歙县槐塘村的"丞相状元"坊（当地称之为"红牌楼"）；有花岗石，如广东珠海陈芳祠梅溪牌坊；还有的用高级华贵的汉白玉石材来建造，如北京明十三陵石牌坊，汉白玉牌坊多用于皇家，极少用于民间，据说民间汉白玉仅一例，即江苏江村进士第牌坊，但此坊在20世纪70年代已被毁。

在浙江诸暨市斯宅村一处青龙岩石上，有一处摩崖石刻牌坊，呈冲天

图2-6
山东曲阜孔庙的太和元气石坊
（此坊用整块石料代替几层额枋，其上
盖一块三角形石料，以此表示屋顶，
且屋顶下面没有屋檐和斗栱，该牌坊
已经不具有木结构的形式了。）

图2-7
北京磁家务村王爷墓石坊的火焰顶

图2-8
安徽歙县槐塘村"丞
相状元"坊

图2-9
广东珠海陈芳祠的梅溪牌坊

图2-10
江苏江村"进士第"牌坊
（新建）

式，明间额枋间阴刻有"乐善好施"四个楷书字体，是清道光十二年（1832年）闽浙总督、浙江巡抚"为义士登仕郎斯元儒立"（这十个字刻在额下枋板上）。左右石柱上镌刻一副对联，曰："活十万户饥民，不让义田种德；庇廿四乡学士，允称广厦树功。"像这样的摩崖石刻式牌坊，极为少见，为一孤例。

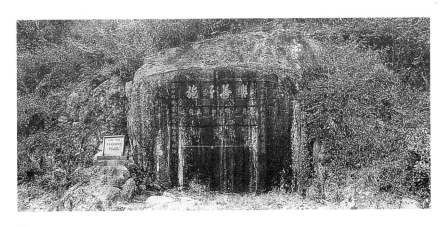

图2-11
浙江诸暨市斯宅"乐善好施"坊

2.1.3　砖牌坊

　　砖牌坊，常作为祠堂、会馆、庙宇、宅第建筑的大门门面，民间又称"牌坊（楼）门"，多见于四川、湖南、江西、安徽、浙江等南方地区，如浙江龙游志棠清代门楼等。

　　砖牌坊作为牌坊门的时候，可以分为有柱式和无柱式。有柱式砖牌坊，即"门楼"，是用青砖砌筑高大的封火墙，墙即作牌楼形式，墙面上用异形砖砌出砖柱、额枋、屋顶，正中明间开设有小于明间开间和高度的门洞，并设有门扇。门楼一般为三开间，两次间常用花砖砌成照壁心，底部做成供桌或须弥座样式，如江西婺源豸峰村成义堂大门、江西乐安县流坑村的旌表节孝门坊、湖南芷江天后宫入口牌楼、江苏苏州网师园门楼、福建泰宁和邵武等地民居入口。无柱式砖牌坊，俗称"门罩"，即是仅以砖在门头上砌屋顶、垂柱、额枋和字牌，如安徽黟县宏村承志堂门罩。

　　砖牌坊也有独立的、不依附于建筑物的形式。四川开江县任市镇的"达州街节孝坊"就是独立的、跨街而立的四柱三间冲天式砖牌坊，建筑通体用陶

图2-12
浙江龙游志棠清代门楼

图2-13
江西乐安县流坑村旌表节
孝门坊

图2-14
四川开江县任市镇节孝坊

图2-15
山东桓台"四世宫保"砖牌坊

砖垒砌而成。再如山东桓台"四世宫保"坊，砖块砌筑，砖雕泥塑装饰，是中国砖坊艺术的精品。

砖牌坊上的雕饰大都也采用浮雕式的砖雕或泥塑。北京碧云寺砖牌楼，用砖砌筑墙身，表面用灰砖拼贴出柱和枋的形象，顶部还用砖烧制出斗栱、瓦片、坐兽。

2.1.4　混合材料牌坊

除了由单一建筑材料建造的牌坊外，有的牌坊则是一座牌坊上综合了多种建筑材料，如木石混合牌坊、木石砖混合牌坊等。

木石混合牌坊，以石材为柱，以梓框承托上部木质梁枋、斗栱和檐楼。它融石牌坊的柱子、基座坚实耐久的特点和木牌坊的梁枋、斗栱、檐楼轻盈华美的特点于一体。江苏苏州北塔公园的"北塔胜迹"牌楼，是一座四柱三间五楼重檐牌楼，除4根立柱和8块抱鼓石为石质外，其余构件均为木质。有的皇家陵墓方城明楼前的"二柱门"，即是用木额枋代替石额枋，如明十三陵和清

图2-16
河北易县清陵二柱门

图2-17
广东东莞"余屋牌坊"

东陵的裕陵、景陵、定陵、惠陵等。有的木石混合牌坊，如广东东莞"余屋牌坊"，是一座十二柱三间三楼的牌楼，它除了前后的8根檐柱和中间4根立柱的抱鼓石采用石料外，其余构件仍都沿用木质。估计该牌坊设计之初为木质，增设石质檐柱只是为了支撑厚重的屋顶，增强牌坊的整体稳定性，这里的石质檐柱具有一般木牌坊的戗柱的特征和功用。由于不能具体考证木石混合牌坊出现的历史时期，我们可以理解其是木牌坊向石牌坊过渡的一种形式，抑或是古代劳动人民一种单纯的融旧融新的创造吧。

木石砖混合牌坊，则是由木、石、砖建筑材料共同建造出的牌坊。如创建于清道光九年（1829年）的云南石屏县城内的玉屏书院，书院入口处立有一座木石砖结构的八柱三间两进的牌坊。该牌坊面阔9.44米，进深3.72米，高约8.7米。牌坊的立柱、额枋和檐楼均为木质，基座和抱鼓石为石质，在最外侧边柱的位置沿进深方向砌筑厚重的砖墙，砖墙顶部设屋顶。像这样的牌坊还有前文

图2-18
云南石屏县玉屏书院入口的木石砖混合牌坊

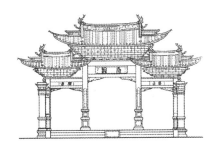

图2-19
南方白族牌坊正立面图、侧立面图和剖面图

提到的云南禄丰星宿桥桥东牌楼，昔日云南昆明城中心的"金马坊"、"碧鸡坊"
和"忠爱坊"，由现存的实例可见，这类牌坊多见于多民族聚居的云南省内。

2.1.5 琉璃牌坊

琉璃自汉代由罽宾传入我国，用于屋顶始于北魏，明清两代应用甚广。
"这一由国外传来的建筑材料，使中国建筑更放异彩。"[②]

琉璃牌坊，在以建筑材料进行划分的类型之中是数量最少的一类，形制
却是最高的。官式琉璃牌坊只出现于北京和承德两地的皇家建筑和寺庙建筑

图2-20
北京香山昭庙琉璃牌坊

图2-21
颐和园"众香界"琉璃牌坊

中，且仅计9处，即承德普陀宗乘之庙、须弥福寿之庙，北京卧佛寺、颐和园众香界、香山昭庙、北海小西天、北海天王殿、国子监辟雍和东岳庙，它们都是四柱三间七楼形制，除东岳庙琉璃牌坊建于明代万历年间外，其余均建于清乾隆年间，可见后者是琉璃牌坊最辉煌的艺术时期。

琉璃牌坊实质是一种高级的砖牌坊，因为它不采用梁架体系而是采用砖砌实体结构，即用木料或石材构筑起骨架，外面砌筑城砖，然后上色，最后再用琉璃面砖贴嵌出立柱、高栱柱、额枋、花板、雀替等形象，此做法俗称"贴落"。高栱柱中间镶嵌青石白字匾额，两侧为龙凤花匾。琉璃牌坊都带有檐楼，主、次楼及外侧边楼均做歇山顶，夹楼做夹山顶，屋面铺设琉璃瓦。柱下部也做夹杆石。一座琉璃牌坊如果省略掉柱间红墙和白石券门，琉璃面砖所贴嵌的就是一座典型的官式木牌楼的形象。在中国古代皇家建筑中，即使是新的建筑样式，也是以官式木建筑的样式为蓝本来创造的。

图2-22
琉璃牌坊中的官式木牌楼的形象

东岳庙琉璃牌坊两侧石柱为青绿色，中间的柱子和柱间墙面都用城墙砖砌筑，未强调券门，造型朴素大方，肃穆威严，显然处于探索阶段。乾隆时期建造的几座琉璃牌坊皆以厚墙为体，设雕饰华丽的白石券门，墙面漆为红色，柱间墙身下增设白色须弥座，梁柱都用琉璃砖贴面，屋顶覆以黄琉璃绿剪边瓦，四脊和正脊用脊兽装饰，整个建筑色彩对比强烈，鲜亮动人。

民间琉璃牌坊，目前只知山西介休寺真武庙中尚存一座，它体量小，无券门，梁柱琉璃以黄、绿、蓝色为主，间以黑、白、绛、紫、赭色，色彩十分丰富。

2.2 按建筑功用划分

牌坊按建筑功用划分，可以分为纪念性牌坊和标志性牌坊两大类。

2.2.1 纪念性牌坊

纪念性牌坊包括有功德牌坊、忠义牌坊、功名牌坊、官位牌坊、厚孝牌坊、贞节牌坊、仁义牌坊、寿庆牌坊、历史牌坊等九类。这类牌坊不但装饰精美华丽，而且内涵丰富，具有体现统治阶级和上层建筑意志的功能，因而具有一个共同的特点，即它们一般都是"奉旨"而建造的，牌坊上悬挂或雕刻"龙凤牌"，上书"圣旨"、"恩荣"、"御制"、"玉音"、"敕命"等字样，非能随意而建的。据《古今图书集成·考工典》记载："（明）洪武二十一年（1388年），廷试进士赐任亨泰等及第出身，有差上命，有司建状元坊以旌之。圣旨建坊自此始。"可知，奉旨建坊应始于明代。

德政牌坊——为褒奖军功显著的武将和政绩卓著的文臣而立。如山东蓬莱市戚家祠堂前的"戚继光父子总督"坊、安徽歙县的"许国大学士"坊等。

忠义牌坊——为旌表正直英勇的忠臣和精忠报国的豪杰而立。如海南省海口市海瑞陵墓的"粤东正气"坊、浙江杭州岳王庙的"碧血丹心"坊等。

图2-23
安徽歙县许国石坊

图2-24
河南汤阴岳飞庙牌坊

图2-25
安徽黄山洪坑世科坊

功名牌坊——为旌表在科举考试中金榜题名者而立。如江西大余县南安镇"解元坊"和广西桂林清代贡院中的"三元及第"坊、"状元及第"坊、"榜眼及第"坊等。

官位牌坊——为标榜炫耀官就高位、世代为官或一家多人为官的名门望族而立。如安徽黟县西递村的"胶州刺史"坊、浙江宁波市慈城镇的"诰封三代"坊等。

厚孝牌坊——为旌表"孝子"以倡行"孝道"而立。如安徽歙县棠樾的"鲍灿孝行"坊、四川隆昌的"节孝总坊"等。

图2-26
安徽黟县西递村
"胶州刺史"坊

图2-27
四川隆昌节孝总坊

图2-28
四川自贡倪氏节孝坊

图2-29
四川隆昌县的郭王氏"乐善好施"功德坊

贞节牌坊——为旌表严遵封建礼教、操守高洁的贞节妇女而立。这类牌坊为数众多，遍布全国各地，如安徽歙县的"叶氏贞节"木门坊、"黄氏孝烈"坊，广东顺德的"贞女道芳"石坊，四川自贡市大安县内的张氏节孝坊和倪氏节孝坊等。

仁义牌坊——为褒扬在做仁义之事、行慈善之举方面有突出表现的人而立。如安徽歙县棠樾村的"乐善好施"坊、四川隆昌县的郭王氏"乐善好施"功德坊等。

寿庆牌坊——为旌表自古稀少的百岁寿星，特别是子孙满堂的百岁寿星而立。如四川绵阳市青义镇的"五世同堂"坊、安徽歙县许村的"双寿承恩"坊等。

历史牌坊——为纪念某一重大的历史事件而立。如安徽歙县槐塘村的"龙兴独对"坊、北京中山公园的"保卫和平"牌坊等。

图2-30
安徽歙县许村的
"双寿承恩"坊

图2-31
安徽歙县槐塘村的"龙兴独对"坊

图2-32
江西铅山鹅湖书院牌坊

2.2.2 标志性牌坊

标志性牌坊包括有书院牌坊、文庙武庙牌坊、府第牌坊、衙署牌坊、道桥牌坊、会馆牌坊、商肆牌坊、陵墓牌坊、祠堂牌坊、坛寺牌坊、景区牌坊

图2-33
云南建水文庙"德配天地"坊

图2-34
甘肃嘉峪关关帝庙门牌楼

等。这类牌坊的装饰性和文化性浓厚，而旌表意义相对淡薄，故此它们一般不需要"奉旨"建造。

书院牌坊——为渲染、烘托书院高雅浓厚的文化气息而立。如北京国子监的"学海节观"琉璃牌坊、江西庐山白鹿洞书院的"武朝门"石坊、江苏无锡东林书院"东林旧迹"石牌坊等。

文庙武庙牌坊——为表达世人对孔子和关羽的崇尚敬仰之情，而立于孔庙和关帝庙内。如山东曲阜孔庙的"太和元气"坊、山西运城市解州关帝庙的"气肃千秋"坊和"大义参天"坊等。牌坊在纪念孔子的文庙建筑群中，既有采用棂星门形式的，如四川自贡富顺文庙的"德配天地"和"道冠古今"坊等，也有采用木牌楼形式的，如云南建水文庙"太和元气"坊为四柱三间三楼带栅栏门的木牌楼。

府第牌坊——为官宦豪门炫耀标榜自己的身份、地位、财富、荣誉、权威而立。如安徽绩溪县原太子少保南京户部尚书胡宗惠府第"尚书府"门坊、云南丽江木府门坊等。

衙署牌坊——为官府衙门渲染威严、肃穆的气氛和感化教育犯人而立，如河南内乡县清代衙署前的"菊潭古治"坊（宣化坊）等。

道桥牌坊——为标识、装点、美化而立于街道、路口、巷口、桥头等交

图2-35
河南内乡县清代衙署前的"菊潭古治"坊（宣化坊）

图2-36
山西沁水县西文兴村"丹桂传芳"坊

图2-37
山东聊城市山陕会馆的山门牌楼

图2-39
江苏南京中山陵牌坊

图2-38
颐和园苏州街商肆牌坊

图2-40
安徽黟县郑村忠烈祠前的"忠烈祠"坊

通要道处。如昔日北京的东西四牌坊，北京颐和园内谐趣园的"知鱼桥"坊，北京北海公园太液桥两端的"积翠"、"堆云"二木牌楼，山西沁水县西文兴村"丹桂传芳"坊等。

会馆牌坊——此类牌坊多起装饰美化、彰显财富和地位的作用，立于会馆大门前。如山东聊城市山陕会馆的山门牌楼、四川自贡西秦会馆的武圣宫门牌楼等。

商肆牌坊——此类牌坊主要用于装饰美化商肆店铺的门面，以招揽顾客。如北京颐和园苏州街的商肆牌坊等

陵墓牌坊——为表达对死者和先人的纪念之情和"明孝以厚葬"之道，而立于陵园入口处、墓道上或墓冢前。如北京十三陵石牌坊、南京中山陵墓道上的"博爱"坊、安徽歙县棠樾世孝祠门坊等。

祠堂牌坊——位于祠堂、宗庙门前或做成门楼的形式，起纪念、炫耀、装饰的作用。如广东佛山祖庙的"灵应"牌坊、安徽黟县郑村忠烈祠前的"忠烈祠坊"等。

坛寺牌坊——为营造庄严肃穆、神秘宁静的气氛，而立于各类寺观坛庙建筑群中。如北京中山公园社稷坛棂星门坊、山东泰安泰山南麓的岱庙坊、江苏扬州大明寺"栖灵遗址"牌坊等。

图2-41
北京地坛双层棂星门

图2-42
山东泰山"天街"坊

图2-43
云南丽江木府牌楼

景区牌坊——多立于名山大川、园林苑囿及名人遗迹处，装点山水园林和自然胜景，使之更富有人文内涵。如苏州北塔公园"北塔胜迹"木石混合牌坊，山东泰山的山路沿途的"岱宗坊"、"一天门坊"、"中天门坊"、"孔子登临处坊"等。

注释：

① 专搭各式席棚的工匠。古时有人开设"纸扎棚铺"，专门从事为红白喜事扎制纸马、纸牛等的买卖。

② 梁思成.清式营造则例［M］. 北京：中国建筑工业出版社，1981：15.

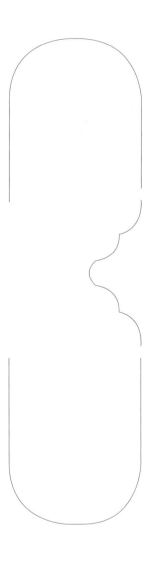

第三讲

牌坊的造型艺术

时代、社会、经济、技术、观念的变化，也带来了牌坊造型的变化，牌坊由早期简单的二柱一间向复杂的多柱多间多楼的方向发展，到封建社会末期，由于社会政治的变革和人们观念的转变，牌坊才又变得简单甚至简陋，直到最后，那些具有封建社会烙印的牌坊退出了历史舞台。

今日华夏大地随处可见新树立起来的牌楼，它们结合现代工艺技术，造型新颖多变，规模气势宏大。比如深圳，现在城区里面新建了许多牌楼，如"桂庙新村"坊、"岗厦村"坊、"湖贝新村"牌坊，这些牌坊的建造主要是沿用昔日牌坊的区域界定和装饰标识功能，来强化自己的社区意识。在异国他乡，如北美洲的"中国城"和"唐人街"、南美洲和澳大利亚的"唐人街"、欧洲的中国园林、日本的"中华街"也都树立有巍峨雄伟的中国牌坊，在这里，它们是中华民族的精神象征和文化标志。

图3-1
日本横滨"中华街"牌楼

物体的造型艺术，源于构成物体的构件的自身特征和构件之间的组合方式。牌坊的基本构件是柱、枋、楼，三者有机地组合起来，就形成了牌坊独特的审美特征和审美价值。

中国古代建筑的基本构架是由柱子和梁枋组合而成的，两榀这样的构架所组成的空间称为"间"，它是中国古代建筑平面、立面、空间、结构的基本单元。牌坊亦是如此，柱、额枋以及柱和额枋形成的开间是构成牌坊建筑的基本空间单元。楼是牌楼中必不可少的构成元素，是牌楼造型艺术的标志所在。

3.1 开间

牌坊在脱离坊墙而成为独立的建筑之始，"殆限于一间二柱，其自一间增为三间五间，始于何时，尚属不明，以愚意测之，当与用途及地点广狭有关"[①]。除了刘敦桢先生所言的道路交通用地外，还有牌坊自身结构和人们追求气势这两个原因。

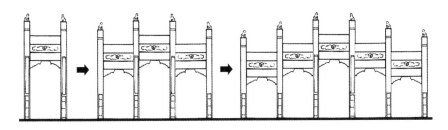

图3-2
牌坊的开间数量变化

原因一：独立的牌坊从自身的结构稳定性出发，要求两侧加大开间，增加侧向刚度，遂出现三间五间的结构形式是有道理的。牌坊的明间高而宽，牌坊的两次间较低而窄，支撑在牌坊的两侧；抱鼓石和夹杆石就好似厚厚的墙墩传递上部结构的重量。

原因二：牌坊能在坊墙消失后仍旧存在并延续至今，这与其日趋强化的旌表功能不无关系。立牌坊是两厢情愿的事：统治者想利用被旌表者来道德教化世人以维护自己的统治；被旌表者及其家人邻里也会因族里能出这样的人而感到骄傲和自豪。在两者共同的利益支配下，立牌坊也由单纯的立牌坊向立华丽精美、气势逼人、与众不同的牌坊的方向发展，开间数的增加也是发展的必然。六柱五间是迄今为止我国牌坊的最大形制；四柱三间是我国牌坊最常采用的形制，此类牌坊数量甚大。

原因三：牌坊跨街而立，在适宜的技术和合理的比例范围之内，单间跨度的确有限。建造多开间的牌坊既能有效地解决跨度问题，又可解决城市发展带来的人车问题。由于牌坊造型华丽，还可为街道增色，"令人睹绰楔飞檐之美，忘市街平直呆板之弊"[②]。

"阙然为道"——"空"是牌坊的特点之一，人可穿行其间。但是有的牌坊在原本"空缺"的开间内嵌上影壁以封实开间。影壁一般位于牌坊的末间内，如北京的清尚书伊文瑞墓牌坊就是六柱三楼二影壁的石牌坊。

图3-3
北京清尚书伊文瑞墓牌坊

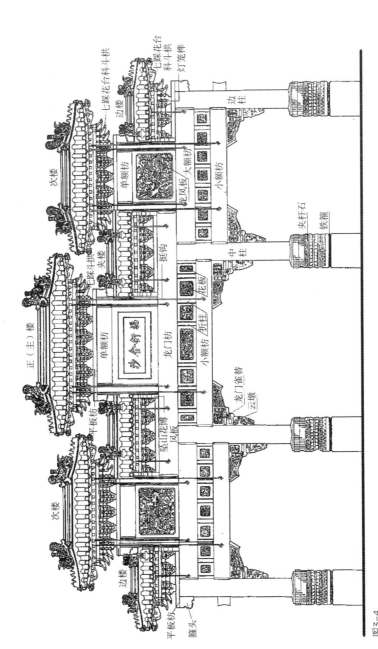

图3-4
典型四柱三间七楼宫式木牌楼各部分构件名称

3.2 柱

牌坊的立柱切面有圆形、方形、长方形和八边形（一般是由方形或长方形抹角而成）。木牌坊的立柱多为圆柱，较少方柱，而石牌坊则多用方柱、长方柱、八角柱，较少圆柱。

牌坊为了增加自身的强度，以承载上部构件的重量和抵抗风雨的侧向倾覆力，一般采用三种措施。

其一，是在立柱开间的内侧附加一根小立柱，这根小立柱在石牌坊上称为"梓框"，在木牌坊上称为"槏柱"，其断面通常做成长方形。

其二，是采用上部顶住立柱、下部插入地下的戗柱来斜向支撑立柱，有的戗柱上部还支撑在高栱柱上，如北京福佑寺牌楼的十二根戗柱就都支撑在高栱柱上。戗柱的数量一般为八根到二十根不等，北京地坛木牌坊在民国时期还保留着二十根戗柱。戗柱在入土的位置常做方石墩来保护底部，如山西解州关帝庙的"威震华夏"木牌坊的戗柱入土部分采用厚重的砖石砌筑，有的则用雕刻精美的石戗兽代替方石墩，如北京景山公园内的牌楼还保留着戗兽。戗柱一般用于木牌楼，较少用于石牌坊，山西五台山龙泉寺的石牌坊由

图3-5
民国时期地坛木牌楼20根戗杆

图3-6
戗兽

于完全采用仿木构造，因而它仍沿用木牌坊戗柱的做法，只是用材由木料完全改为石材。

其三，是采用抱鼓石或夹杆石。抱鼓石多用于体量较小的牌坊，一般位于立柱的前后两侧，有时边柱的外侧面也立抱鼓石。夹杆石多用于体量较大的牌坊，如北京明十三陵石牌坊。中国古建筑中只有牌坊才有夹杆石这一特殊构件，其造型精美，雕饰丰富精致，构成牌坊外观形象的基座部分，与一般古代房屋建筑的三段式立面中的基座相似——或许我们可以认为，夹杆石的意义，除了在结构上增加牌坊的稳定性外，还有在立面上完善三段式构图的美学价

图3-7
南京孝陵遗迹的下马坊

图3-8
安徽棠樾牌坊群

图3-9
安徽黄山洪坑村某石坊

值。夹杆石在露出地面部分的中部还用铁箍箍紧加固。

在明中叶出现抱鼓石上置圆雕蹲兽,到明代末期,抱鼓石开始简化,一般石牌坊仅用平整的光石板。为更好地稳定,抱鼓石用长边与立柱紧贴,以增大接触面积,但现存实例中的南京孝陵遗迹的下马坊,则是以短边与坊柱紧贴。

就外观形象特征来看,牌坊的立柱有出头(冲天)与不出头两种。柱出头多见于民间,在柱出头的牌坊实例中有一例格外与众不同。安徽黄山洪坑村某石牌坊,其特别之处在于:除了左右两立柱冲天以外,立于额枋之上的高栱柱也做冲天柱式,进而形成了特殊的外观形象,即额枋之下为两柱一间,额枋以上为四柱三间嵌三檐楼。像这样的牌坊还有安徽歙县许村的"彤史垂芳"贞节坊、歙县蟠溪节孝坊。

3.3 檐楼

牌楼的间数增加,其檐楼数量也相应地增加,进而屋顶随着位置的不同有了主楼、次楼、边楼、夹楼之分。北京明皇十三陵的石牌坊为六柱五间十一楼,是目前我国已知的规模形制最大的牌坊。

檐楼包括屋顶和斗栱两部分。主楼位于明间之上,也称正楼、明楼;次楼即是位于次间上的楼;位于最外一间上的楼称为边楼;夹楼是正对柱顶的楼,也就是位于正楼和次楼或次楼和边楼(梢间楼)之间的一层较矮小的楼。楼顶的高度随主、次、夹、边的顺序依次递减。同一位置上的楼,多为一重,但是店铺的门脸牌楼和部分民间地区的牌楼也做重檐

图3-10
广东佛山"灵应"牌楼

或多重檐，如广东佛山祖庙的"灵应"牌坊为主楼重檐，山东单县的百狮坊为
边楼重檐，云南丽江木府的石牌楼则是主楼、边楼都为重檐。

　　牌楼的屋顶形式，常采用四坡的庑殿顶和两坡的悬山顶，偶有歇山顶。

图3-11
永安寺门前牌楼北海

图3-12
山东单县百狮坊

图3-13
云南建水文庙"洙泗渊源"坊

图3-14
云南丽江木府牌楼门

图3-15
河北易县清陵二柱门

屋顶的造型也不完全严格地拘于房屋建筑的屋顶形式，除了完全按照房屋建筑屋顶建造的以外，还有一些冲天牌楼，由于立柱冲天，其屋顶一般做成两坡的夹山顶，即屋顶两端山墙面上的博风板紧贴立柱内侧，形成夹在两柱之间的屋顶形式。即使做四坡的庑殿顶时，也是一面做庑殿，另一面做夹山顶，造型稳中求变。有的冲天牌楼也采用完整的屋顶形式，置于两立柱间额枋上，但是由于屋顶太秀气，而使建筑整体显得比例不当，不比经过变形处理的牌楼屋顶来得和谐与有气势。比如图3-3所示的清尚书伊文瑞墓牌坊的次楼在整体比例中就显太小而不美观；再如云南黑井市文庙牌坊额枋之上的檐楼过小，比例失调，欠缺美观。

斗栱是中国古代建筑艺术中特有的构件，既是结构的精华，也是艺术的精华。牌坊在古代中国是一个特殊建筑类别，它的建造可以不严格遵循一般房屋建筑的规矩。[24]以斗栱为例，一般房屋不准建斗栱，而牌坊可以；一般房屋各间斗栱出跳数相同，牌坊则边楼比夹楼多一跳，次楼比边楼再多一跳，正楼既可与次楼相同也可再增多一跳，进而各楼的出檐深度也随之不同；一般房屋斗栱出两跳为上限，而牌坊常出至三跳、四跳甚至更多。

广西全州县永岁乡石头岗村燕子祠堂的"燕窝楼"，其斗栱做法奇特，无

图3-16
云南黑井市文庙牌坊

图3-17
浙江"孝友无双"贞节坊

图3-18
甘肃天水伏羲庙牌楼

图3-19
北海陡山桥牌楼

横栱，从中轴线向两侧倾斜45度，由马字形木榫与木枋相互衔接，形如"燕窝"，故称其为"燕窝楼"。斗栱之所以能这样破规破矩，除了它与牌坊寻求自身美观有关以外，还与它是中国古代社会主要的道德教化工具有关。关于这方面的内容将在第五章具体地介绍。

3.4 额枋

　　额枋是连接两立柱上端和传递上部荷载的构件。牌坊中，额枋有大额枋、小额枋、龙门枋、单额枋、平板枋之分。额枋有直的，也有起拱的。牌坊的每一开间内，额枋数量的多寡不同，有的牌坊每间只要一根额枋，如山东曲阜孔庙的"太和元气"石坊和颜庙的"复圣庙"石坊；有的牌坊有数根，如北京北海公园的涉山桥牌楼有四重大额枋、山西皇城相府的清代石牌坊的额枋多达六根。大小额枋之间嵌镂空花板和折柱，单额枋与大额枋之间立高栱柱和题字匾额（明间）或龙凤板（次间）。额枋与立柱交接处，设雀替，以承托额枋，缩短额枋的柱间净跨度。

3.5 立面美学

牌坊是以立面欣赏为主的"类似西方凯旋门之类的门式建筑"[③]。凯旋门多高大宏伟、厚重威严、冷峻肃穆，而与之相比，牌坊则显得轻盈空灵、虚实相间、灵秀俊美。柱、间、楼、额枋——既是构成牌坊形态本身的基本物质要素，也是塑造牌坊造型艺术特色的基本物质要素。

图3-20
牌坊的剪影美

《老子》第十一章有曰："三十辐共一毂，当其无，有车之用。埏埴以为器，当其无，有器之用。凿户牖以为室，当其无，有室之用。故有之以为利，无之以为用。""无"是为"之用"的根本。牌坊之"阙然为道"的"空缺"特色，即是牌坊立面造型特色之根本。记得一位中国雕塑家说过，现代雕塑那抽象扭曲的形体创造出了许多"空"间，如果按中国道家的说法，不是形体创造的"空"间，而是"空"的那股"气"把物体扭曲而形成了多变的形体。西方观物之实"形"，中国（道家）观物之虚"空"，即"气"。"形"与"空"的互补就构成了整体欣赏的物体。

牌坊的立面美是一种剪影美。夹杆石和抱鼓石的沉稳、立柱的挺拔、额枋的上下错位、檐楼的深远俊秀、斗栱和花板的空灵、雀替的曲美线韵、吻兽和坐兽的精巧突兀、梁头和榫头的出挑，这些形态各异的"实"的形体营造出丰富的"空"的形态，为牌坊立面的内外轮廓的韵律变化提供了不尽的源泉，使牌坊的立面效果虚实相间、虚实相持、虚实相融。这种具有空灵通透的剪影美的单体牌坊，为尔后牌坊群的序列观赏提供了契机。

注释：

① 刘敦桢. 刘敦桢文集（一）[C]. 北京：中国建筑工业出版社，1982：196.

② 刘敦桢. 刘敦桢文集（一）[C]. 北京：中国建筑工业出版社，1982：195.

③ 萧默. 中国建筑艺术史 [M]. 北京：中国建筑工业出版社，1999：799.

第四讲

牌坊的平面形式与空间特征

人们在不断地适应时代、社会以及自身的审美需要，不断地创造出与众不同、别具一格的新颖的牌坊形式。万事万物都既有普遍性又有特殊性，用简单的"立面式门洞建筑"来概括牌坊的特点已经不够了，因为那只是对牌坊普遍性特征的一种概述。从现存的牌坊中还可以找到平面构成特殊的牌坊，比如平面八柱长方形布局、四柱正方形布局、六柱"﹥﹤"形布局等。牌坊的空间特征除了"柱"的进深布局带来的自身立体化效果外，还有诸多牌坊通过多种方式组合而成的群体效果。

物体几何中"点"运动成"线"，"线"运动成"面"，"面"再运动成"体"。"点"、"线"、"面"是构成三维物"体"的基本元素。其中"点"又是"体"之根本。建筑中，"柱"扮演着"点"的角色。立柱尺寸长短和数量多少，是构成牌坊立面特色的主要因素之一，其灵活多变的平面布局形式更是形成牌坊平面特色的根本原因。正因为如此，牌坊的平面形式因其立柱的平面布局形式不同，可以分为两种，即开放式和围合式。

4.1 没有进深的牌坊

我国现存的牌坊，其平面绝大部分没有进深，采用的"一"字形布局形式。这类牌坊的主要特征在于平面柱的多与寡，有二柱、四柱、六柱，其中又以四柱牌坊数量最多，六柱牌坊为等级最高的牌坊，常见于皇家建筑之中。北京明十三陵石牌坊是我国现存最大的牌坊。

在众多"一"字形布局的牌坊中，最能体现牌坊特殊性的是建于清道光十二年（1832年）的云南禄丰县星宿桥西头所立的"坤维永镇"仿木石牌坊，其十柱九间三楼式的奇特造型，实属罕见。石牌坊每个开间内镶嵌一块石碑。从牌坊造型和内部放置石碑的情况来看，此石牌坊具有明显的碑亭特征。

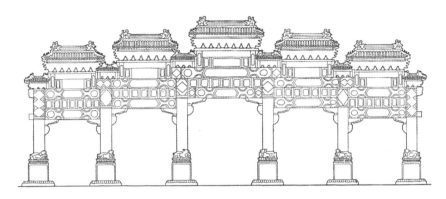

图4-1
北京明十三陵石牌坊

图4-2
河北易县清陵六柱牌楼门

图4-3
云南禄丰县星宿桥头"坤维永镇"
石坊

4.2 立体的牌坊

平面"柱"的进深布局，使牌坊立体化，因而牌坊平面柱除"一"字形布局的以外，其余的都能构成立体牌坊。

"在岭南、福建一带的十二柱三开间两进深的牌坊，当心间阙然为道，两边的次间高于地面——有人认为这种牌坊是门塾式坊门的遗制，高于地面的次间是堂塾，中间的道路可以通车辆，属于由里坊门向牌坊门的一种过渡形式。"①

牌坊也就不再只是"没有内部空间的立面式建筑"②了。

所谓围合式的布局,是指由于柱有前后排列,形成了有一定进深的牌坊的下部空间,这使牌坊不再只是单纯的立面式建筑,而具有了"空间",有的牌楼屋顶也因此有了更加丰富的形式和稳重的体量。

4.2.1 六柱三间一进"〉〈"形

平面六柱三间的"〉〈"形布局的牌坊,即两中柱外侧前后各立两根柱子,经额枋,与中柱相连,因而正立面呈"八"字形。其创作之源无从可考,但是就其外形而言,与一些宅第的带有"八"字形门墙的入口相似,主要区别在于两次间之前者为虚而后者为实。这样的牌坊多见于南方地区,既有石制也有木制。我国现存的此类牌坊有河南汤阴县岳飞庙的"宋岳忠武王庙"木牌坊、湖南岳阳刘来氏贞节石牌坊、湖南澧县余家牌坊以及湘阴文庙的"太和元气"坊、江西进贤县的"节凛冰霜"坊、江西宜黄县的"大司马牌坊"、浙江永嘉楠溪江苍坡村寨门坊、河南开封山陕甘会馆"大义参天"牌坊(当地又俗

图4-4
湖南澧县余家牌坊

图4-5
河南山陕甘会馆"大义参天"牌坊

称"鸡爪牌坊")、河南舞阳北舞渡山陕会馆牌楼等。

4.2.2 四柱一间一进正方形布局的牌坊

这样的四柱一进正方形布局的牌坊,其实质是由四座二柱一间三楼的牌坊围合叠加而成的,如安徽歙县丰口村的"进士坊"。浙江象山县月楼岙村黄氏贞节牌坊的内部中心位置上还立有一石碑,碑上刻有"坤德永贞"四个字。可见这种形制的牌坊具有牌坊和亭子(碑亭)的特征,是二者相结合的演变体。

4.2.3 六柱一间两进"曰"字形布局的牌坊

位于福建闽侯林浦的"进士"木牌楼,是一座六柱一间两进深的木牌坊,立柱平面呈"曰"字形,前后四根檐柱的柱径较中间两立柱的柱径细。此四檐柱支撑屋顶,由中间立柱上出挑的梁架与中间立柱相连接,具有戗杆的意义。此进士坊的檐下施多层斗栱,托起单重歇山式屋顶,屋角和屋脊起翘高扬。此坊的匾额悬挂方式不同于一般的牌坊,一般的牌坊匾额都镶嵌于明间上下额枋之间,此坊的匾额则是悬挂在屋顶下,横向书"进士"二字,有如一般房屋的匾额。

图4-6
江西赣县湖江戚氏宗祠"八"字大门

图4-7
福建闽侯林浦"进士"坊

图4-8
安徽歙县丰口村进士坊

图4-9
广东珠海陈芳祠"急公好义"坊

4.2.4 八柱三间一进长方形布局的牌坊

安徽歙县的许国"大学士"石坊，俗称"八角牌坊"，平面采用八柱三间一进长方形布局，其实质是由东西向两座三间四柱三楼石牌坊和南北向两座单间双柱三楼的石牌坊围合叠加组合而成的，各个立面仍旧保持着独立牌坊的特征，这与前面的平面正方形布局的牌坊相似，都是没有统一的大屋顶覆盖，牌坊内外、上下通透，造型精妙，别具一格。

许国"大学士"石坊并非我国惟一的此类型建筑实例，像这样的牌坊还有福建永安贡川的"陈氏大宗祠"木牌楼、广东

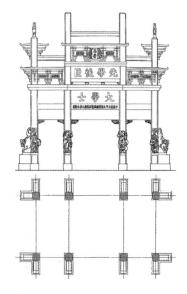

图4-10
许国"大学士"石坊

珠海陈芳祠梅溪的"急公好义"
坊。后二者与前者不同之处在
于，它们不是由单个牌坊叠加
组合而成，有统一的大屋顶遮
掩，具有房屋和亭子一样的特
征，各个立面不宜独立观赏。

4.2.5 八柱三间三进"回"字形布局的牌坊

图4-11
福建永安贡川"陈氏大宗祠"木牌楼

　　现存的平面八柱三进"回"字形布局的牌坊，极为罕见，目前只知建于
明代万历三十九年的山西翼城的"石四牌坊"为此形制，即沿内外两重正方形
的对角线，各布置四根立柱，形成"回"字形。外围次间的四根柱子均旋转45

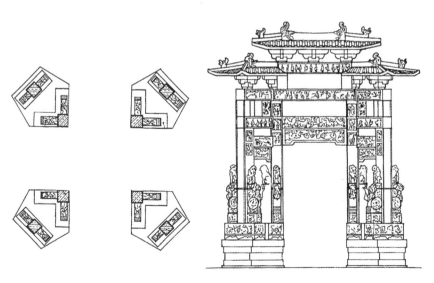

图4-12
山西翼城的石四牌坊

度角。八根立柱均设抱鼓石，立在束腰须弥座式青石基座上，基座平面为五边形。明间柱与柱之间由梁枋连接形成"口"字形封闭的圈梁结构，次间柱与明间柱斜向连接形成45度的放大角，整体结构牢固稳定。歇山式屋顶下施斗栱，屋顶坡度平缓，出檐较深远。该牌坊造型独特，实属稀例。

4.2.6　八柱三间两进"〈三〉"形布局的牌坊

目前已知的平面八柱三间两进"〈三〉"形布局的牌坊，唯见位于甘肃临夏河州红园的"红园牌坊"一例，造型别致，独具匠心。

图4-13
甘肃临夏河州红园的"红园牌坊"

"红园牌坊"的梁架结构如图4-13所示。在牌坊的中间两根主立柱外围各立三根柱子支撑上面的重檐屋顶，两主立柱拔地而起，直贯上层屋顶。上层屋顶为歇山式，檐下八踩斗栱；下层屋顶为组合式屋顶，即左右两个三角攒尖屋顶夹持中间一两坡屋顶，檐下五踩斗栱。两重屋顶之间悬挂匾额，上纵向题写"红园"二字。整个屋顶造型奇特，气势宏大。

"红园牌坊"与福建永安贡川"陈氏大宗祠"牌楼一样，似屋非屋，是亭非亭，实属牌坊建筑中之精品。

4.2.7　十二柱三间两进式平面布局的牌坊

建于明景泰二年（1451年）的广东佛山祖庙的"灵应牌坊"，平面采用十二柱三间两进式的布局，前后八根檐柱用石料，其余构件仍都沿用木质。石

图4-14
广东江门陈白沙祠的"贞节牌坊"

图4-15
广东佛山祖庙的"灵应牌坊"

质檐柱支撑上部屋顶，增强牌坊的整体稳定性，这里的石质檐柱有一般木牌坊
戗柱的功用。四根中柱由抱鼓石前后夹持。次间柱下设须弥座石基，高出明间
地坪。"灵应牌坊"有三重屋顶，位于左右次间上的首层屋顶为歇山式，二、
三层为庑殿顶式。檐下施多层斗栱，斗栱形式为七铺作无下昂偷心造，飞檐叠
翠，轻盈空灵，华丽壮观。与之相类似的牌坊多见于南方地区，如广东东莞的
"余屋牌坊"、广东江门陈白沙祠的"贞节牌坊"。再有福建武夷山城村的"赵
氏百岁坊"和福建福安的陈氏祠堂木牌楼，平面也为十二柱三间两进"四"字
形布局，不同之处在于都是纯木牌坊，无石材构件。

4.2.8　十二柱七间两进亭式牌坊

陕西西安化觉巷清真寺有一座别具一格的亭式木牌坊。它由中间的六角
亭和两侧的三角亭，通过连廊连接而成一体为亭和坊的结合体，又称"凤凰
亭"或"一真亭"，为全国之孤例。三亭为攒尖式屋顶，廊是悬山顶，部分立
柱有戗杆支撑。

图4-16
西安化觉巷清真寺亭式牌坊

4.3 牌坊的空间组合

多座牌坊有节奏、有次序地排列开，形成牌坊群，产生"序列美"。牌坊
群的组合方式多种多样，异彩纷呈。

4.3.1 "一"字形排列的牌坊群

"一"字形排列的牌坊群因轴线不同，有两种形式，即横向排列和纵向
排列。

1. 横向排列

多为三座牌坊并列排在同一条横向轴线上，正中间的牌坊一般较左右两
座牌坊高大，雕饰也更精美复杂，主从得当，有效强调了重点。四川自贡富顺
县文庙的三座棂星门皆为四柱三间冲天柱式，其正中的"棂星门"坊，不但高

出左右"道冠古今"、"德配天地"二坊一个额枋的距离，而且在其额枋、垫板（额垫板）、雀替等处施以精美的浮雕、透雕、圆雕，整个坊群气宇不凡。安徽歙县郑村忠烈祠坊由居中的四柱三间五楼的"忠烈祠"坊和左右两座二柱一间三楼的"直秘阁"坊、"司农卿"坊构成，雕饰轻盈华贵，建筑整体气势博大。广东珠海陈芳祠梅溪牌坊由当中的八柱三间两进三楼的"急公好义"坊和左右两座四柱三间一进三楼式牌坊组成（左侧的牌坊已毁，只存右侧"乐善好施"坊），建筑形式融贯中西，气宇恢宏。

　　河北遵化清东陵的泰陵神道上的龙凤门为三座两柱一间冲天柱式棂星门并列而置，各门坊两侧均砌筑琉璃砖墙影壁，两端还以较低矮的红砖墙收头，使整个建筑在横向水平展开的同时，也进一步强化了陵墓的中央轴线。

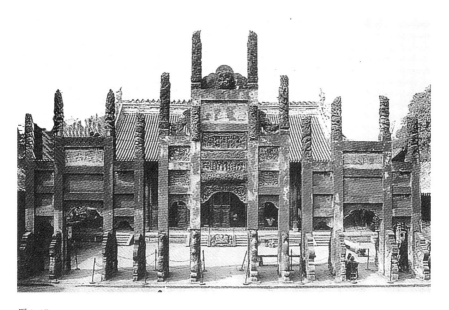

图4-17
四川富顺文庙棂星门坊

图4-18
安徽歙县郑村忠烈祠牌坊

图4-19
广东珠海陈芳祠梅溪牌坊

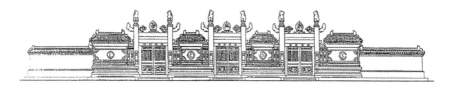

图4-20
河北遵化清东陵的泰陵神道上的龙凤门立面图

图4-21
河北遵化清东陵的泰陵神道上的龙凤门

2. 纵向排列

两座或几座牌坊在同一条纵向轴线上井然有序地排列，前后排列的牌坊造型可同可异，规模可大可小。北京北海公园太液桥两端的"积翠"、"堆云"

二牌楼，规模样式相同，均为四柱三间三楼式；北京颐和园昆明衡桥两端的"蔚翠"、"云岩"二牌楼，则都是四柱三间三楼的冲天式牌楼；山东曲阜孔庙南北中轴线上的四座牌坊均为四柱三间冲天式棂星门坊；北京壁云寺中轴线上的三座牌坊依次为四柱三间三楼的木造牌楼、四柱三间三楼的石造冲天牌楼、四柱三间七楼的砖造琉璃牌楼。

　　清乾隆《苏州府志》载《苏州府学图》中所绘建筑群的东墙外侧由南往北依次立有"进士"、"解元"、"会元"、"状元"四座牌坊。无独有偶，像古代苏州这样排列的功名牌坊还有浙江乐清南阁村的明代牌坊群，原有七座牌

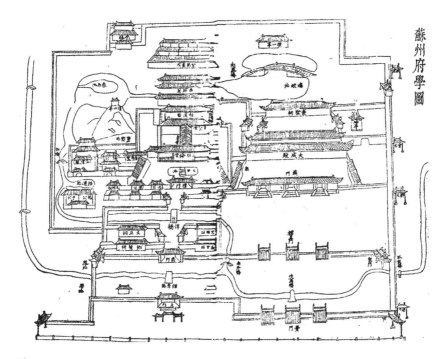

图4-22
清乾隆《苏州府志》载《苏州府学图》中绘其东墙外侧由南往北依次立有"进士"、"解元"、"会元"、"状元"四座牌坊

坊，现存五座，沿村入口古道自北向南排列，依次是"世进士"坊、"方伯"坊、"恩光"坊、"尚书"坊和"会魁"坊。牌坊均为六柱一间两进三楼的木石混合牌坊，悬山式屋顶，斗栱硕大，龙吻高耸，造型奇特，中柱用石材（其余立柱为木材建造），且有收分和侧脚，柱下做石基座，整体感和韵律感强烈。

4.3.2 "十"字形排列的牌坊群

四座牌坊分别对称地位于两条纵横垂直的轴线上，形成"十"字形的空间布局，如北京北海公园小西天的四座琉璃牌坊，江西乐安县流坑村董氏大公祠前墨池东西南北四面的四座木、石牌坊。"十"字形布局的牌坊还常常与低矮的墙连为一体，形成对外封闭的空间，如北京天坛圜丘外方内圆的两重围墙东西南北四面均设棂星门坊，每组门坊由3座棂星门组成，所以整个圜丘共有24座棂星门，蔚为壮观。

昔日的北京东四牌楼（西四牌楼），是四座位于十字路口的跨街牌坊，构成"十"字形布局，两两相对而立，分别标示出各自所跨越的街道和交通节点。东四牌楼分别是"思诚坊"、"保大坊"、"明照坊"和"仁寿坊"；西四牌

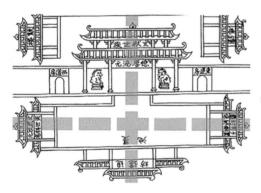
图4-23
江西乐安县流坑村董氏大公祠前墨池东西南北四面的四座木、石牌坊

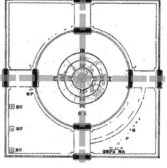
图4-24
北京天坛圜丘外方内圆两重围墙东西南北四面均设棂星门坊

楼分别是"积庆坊"、"金城坊"、"安富坊"、"明云坊"。

4.3.3 "品"字形排列的牌坊群

三座牌坊以"品"字形布局，形成半围合状，因而它们常常与其他建筑，如殿宇、门屋一起围合构成一个或开敞或封闭的四合院，如河北易县清西陵大红门前立有三座六柱五间十一楼的石牌坊，一座位于陵墓神道正中，另外两座分列左右，三座牌坊与大红门十字对立排开，形成一个开敞通透的广场式四合院空间。

像这样的空间组合牌坊群，还有北京雍和宫门前宝坊院北、西、东面所立"寰还尊亲"、"十地圆通"、"慈隆宝叶"三座四柱三间七楼的木牌坊，北京颐和园须弥灵境建筑群入口处牌坊群，河北承德普宁寺入口牌坊群等。

4.3.4 "|—|"形排列的牌坊群

山东曲阜颜庙入口的"复圣庙"坊与左右的"优入圣域"坊和"卓冠贤科"坊，三坊一起构成"|—|"形排列布局，即"复圣庙"坊的横轴线与"优入圣域"、

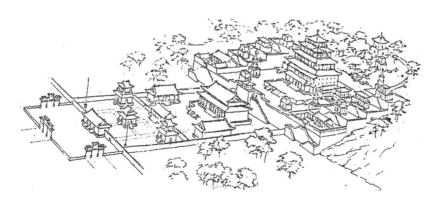

图4-25
河北承德普宁寺入口"品字形"布局的牌坊群

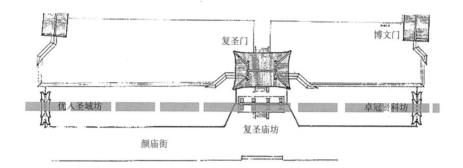

图4-26
山东曲阜颜庙入口"复圣庙"坊与左右的"优入圣域"坊和"卓冠贤科"坊呈一字形布局

"卓冠贤科"二坊的纵轴线相重合,并建高墙连成一体。"复圣庙"坊门前墙体筑成"八"字形墙,坊门位于凹墙内。此种牌坊空间排列类型不多见于世。

4.3.5 群体美学

立面空灵通透的牌坊为人们提供了一个个"景框",让视线得以穿越,当一个个"景框"被有序地排列开时,空间被划分成似连非连、似隔非隔的若干部分,空间被无限地向远处延伸,空间"场"的范围被无形地拓展,形成壮观磅礴的建筑群体气势,人们穿行其间,感受一道道景观,听述一串串故事……

安徽歙县棠樾村的牌坊群最为有名。从村外到村内短短百余米的甬道上,屹立着7座高大挺拔、恢宏华丽、气宇轩昂的石牌坊。牌坊群以"义"为中心,按"忠、孝、节、义"的顺序由两头向中间依次曲线排列展开,即鲍灿孝行坊(明嘉靖十三年)、慈孝里坊(明永乐十八年)、鲍文龄妻汪氏节孝坊(清乾隆四十九年)、乐善好施坊(清嘉庆二十五年)、鲍文渊继吴氏节孝坊(清乾隆三十二年)、鲍逢昌孝子坊(清嘉庆二年)、鲍象贤尚书坊(明天启二年,清乾隆六十年重建)。7座牌坊风格混然,前五座为四柱三间三楼冲天柱式牌坊,后两座为四柱三间三楼式牌楼,虽然时间跨度长达几百年,但整齐划一，一气呵成。一座牌坊一个故事，它们既是鲍氏家族的历史，也是封建社会"忠、孝、节、义"伦理道德的概貌。

像这样在城乡空间里依序跨街而立的牌坊群，还有四川隆昌县南关春牛坪牌坊群（共6座）和北关道观坪牌坊群（共5座）、安徽稠墅村村西道路上的牌坊群（4座）、浙江东阳卢宅肃雍堂门前的牌坊群等。

在城市乡野里面屹立的牌坊群，大多没有严格的轴线控制，均曲韵自然、因地制宜地排列展开，氛围自然而舒畅，景深空旷而深远。在建筑群中，也有众多牌坊有序地排列形成牌坊群，多用作入口，作为建筑群体空间的先导空间，但是它们一般都有严格的纵横轴线控制其布局，气氛庄重肃穆，如山东曲阜孔庙入口的牌坊群、云南建水文庙入口牌坊群。

图4-27
安徽歙县棠樾村的牌坊群

图4-28
四川隆昌牌坊群

图4-29
安徽稠墅村牌坊群

无论是按轴线排列的牌坊，还是按自然曲线排列的牌坊，它们都在无形之中强调了中轴和对称。在中国古代的建筑和规划中，除了山水园林外，都是采用对称的形式，这与中国传统的思维方式有关。

中国传统的思维方式，受"中和"、"中庸"、"择中"、"执两用中"等"中"思想的影响。"中"，源自中杆③，就是宗教、政治、地理、心理之中的统一，也是时间、空间、天上、地下的统一，在原始思维到理性思维的演化中，在建筑和规划中得以充分地体现，是宗教、政治、审美三者合一的关系。"中"凝结成为了一种建筑的象征形式。"……早在石器时代人们就有了择中的思想意识，并存在一种向心形的建筑布局。"④《吕氏春秋》曰："择天下之中而立国，择国之中而立宫，择宫之中而立庙。"《韩非子》也说："势在四方，要在中央。"

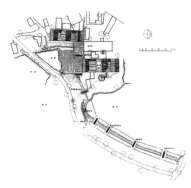

图4-30
安徽歙县城棠樾村牌坊群平面图

图4-31
安徽歙县城棠樾村牌坊群夕阳西下美景图

"在视觉艺术中，均衡是任何观赏对象都存在的特性。"⑤中国传统的"中"的观念进一步强化了建筑所固有的均衡性，"引起一种满足和安定的愉快情绪"⑥。

韵律原指音乐主题的重复、扩展和旋律的抑扬顿挫。当多个牌坊有次序地排列开时，会呈现出韵律美，这种韵律美是"视觉可见元素的重复"⑦。如果说一座牌坊是一个凝固的音符的话，那么多个牌坊的排列组合，就是在线谱上奏起强弱、高低、缓急、长短等变化的乐章，再加上凝聚在每座牌坊后面的感人肺腑的故事，又赋予了这篇乐章丰富的感情色彩。

注释：

① 覃力. 说门［M］. 济南：山东画报出版社，2004：39-42.

② 潘谷西. 中国古代建筑史（第四卷）［M］. 北京：中国建筑工业出版社，1999：416.

③ 中杆，是指立在举行原始仪式的场所正中的测量日影的圭杆。中杆的神圣，在于它报告一
天、一月、一年的时间。中杆的建立，意味着四方空间的建立和四季时间的建立，同时还
意味着天上地下关系的建立。

④ 程建军. 中国古代建筑与周易哲学［M］. 长春：吉林教育出版社，1991：92.

⑤（美）哈姆林. 建筑形式美的原则［M］. 北京：中国建筑工业出版社，1982：63.

⑥（美）哈姆林. 建筑形式美的原则［M］. 北京：中国建筑工业出版社，1982：65.

⑦（美）哈姆林. 建筑形式美的原则［M］. 北京：中国建筑工业出版社，1982：69.

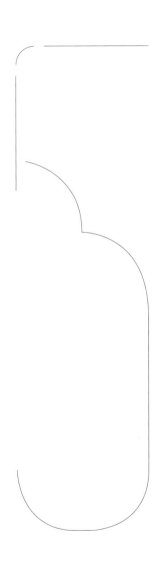

第五讲

牌坊的社会功能与
文化内涵

马克思历史辩证唯物主义告诉我们：从广义上讲，文化包括物质文化和精神文化两个方面。物质文化和精神文化之间是密切联系、相互依存的。精神文化起源于物质文化，又往往以物质形态作为载体来传承表现；物质文化则是在一定的精神理念的支配指导下产生、形成、发展的。从某种意义上讲，一定形态的物质文化，都是一定形态的精神文化的物化产物。①

建筑文化也不例外，同样包括物质文化和精神文化。就建筑所表现的文化层面而言，可以划分为物质、心物结合、心理三个层面。物质层面就是建筑物本身；心物结合层面是指建筑技术、建筑语言、建筑艺术；而深层次的心理层面则包含了价值观念、思维方式、审美情趣、思想意识、伦理道德、风俗习惯等。

历经五千年历史发展的中国有着自己特有的政治形态、经济状况、社会背景和思想意识，既有高度向心的中央集权和伦理完善的思想观念，也有自己的市井文化和世俗爱好。牌坊是中国建筑中特有的类型，它既反映统治阶级和上层建筑的意识形态，也反映民间大众的意识形态，这与牌坊所独有的社会属性有关。宫廷建筑可充分反映统治阶级的意识，市井建筑只能反映市民阶级的意识，二者原则上不可能相互跨越。

但是，牌坊是为维护统治阶级意志，奉皇帝圣旨为世人建造的具有旌表意义的建筑，它能跨越皇帝和市民两个阶级，是二者意识统一的纽带，是两个阶级的"精神文化"都能找到的合适的"物质文化"载体。牌坊虽是小品建筑，但或许正是因为其"小"而又各得其用，所以建得"多"也建得"广"，几乎所有类型的建筑都能建造牌坊。

正因为牌坊具有如此不凡的社会属性，以至于它虽然身处民间，却在创作和建造上有诸多不同于一般房屋建筑的特征，比如一般房屋建筑不施斗栱，但牌坊可以；一般房屋建筑不能雕龙画凤，但牌坊可以；一般房屋建筑不使用庑殿顶和歇山顶，但牌坊可以；一般房屋建筑屋顶不做重檐，但牌坊可以；一般房屋建筑只采用朴素简洁的门枕石，但牌坊可以采用高级的须弥座抱鼓石或雕刻石狮等。

至此可见，造型独特的牌坊在中国古代特有的政治社会思想背景下，有着特有的社会功能和文化内涵。正如英国艺术理论家苏立文在专门研究东方艺术时，曾经说过："在中国艺术中，一切只是一个开始，一个将接受者导入到它的艺术世界的引子。"[②]

基于此，本讲以牌坊作为"引子"，讲述牌坊背后的"故事"。

5.1 中国古代的社会概述

5.1.1 中国古代的社会背景

1. 社会思想背景

"注重社会平衡，反对社会冲突"是中国古代社会思想的重要特征。[③]

这两个突出的特征，与中国长期内陆定居性农业生产的社会结构有关。农业生产比较注重整体的协作，在一项集体的活动中，确定成员的服从与被服从关系是非常重要的，否则无法从事生产，因此等级的权威便从家庭上升到社区，扩展到社会政治。再者，以农业生产的方式聚积财富，必须要有较长的安定时期，否则不易奏效，因此，和平是农业发展的天然保护物。

2. 社会控制

社会控制，即把风俗、习惯、宗法、法律、教育、警察、军队、刑罚等看作社会控制的工具，以达到社会和谐与稳定的目的。社会控制包括软控制和硬控制两类。社会软控制主要指的是风俗、习惯、宗法、法律、教育等手段；社会硬控制主要指的是警察、军队、刑罚等手段。就社会构成要素及其关系而言，中国人特别重视以软控制的方式来协调人与人之间的关系。

3. 用什么"软控制"来维护"等级权威"与"和平"

儒家思想就是"软控制"的核心手段。

儒家思想产生于春秋末期，在漫长的历史长河中，在儒家、道家、佛家三大家中，儒家文化对中国文化历史的影响最为深远，对中国人人格的铸造产生了深刻的不可低估的影响。儒家思想的基本宗旨是通过血缘的家族亲情关系，来维护宗法社会的人际关系。孔子是儒家学派的创始人，孔子认为人生最高的目标是"克己复礼"，达到以"仁"为核心的"圣人境界"。所谓"仁"，既是自我与宗法社会现实的协调，又是自我内心所形成的完善的"仁"的意识和胸襟。因此，儒家思想的人格培养过程，就是把宗法体制的共同性要求内化为自我人格的过程。儒家思想自我人格建立的标准是一个高度社会化和伦理化的标准。儒学进一步提出了与社会伦理规范的"仁"与"礼"相对应的艺术审美的"和"与"乐"的思想，认为以"仁"为目的的礼教应当同以"和"为理想的乐教统一起来。"礼之用，和为贵"（《论语·学而》）；"大乐与天地同和，大礼与天地同节"（《礼记·乐记》）。所谓"礼"，是指社会规范的设定和教育，而"乐"是指社会统一性的心理感化和培养，礼乐分工，但又相辅相成。自我与社会的关系通过"乐"把外在的约束转化为内在的自觉皈依，外在的机械规范变成了内在的生命形式。

牌坊是儒家思想这一"软控制"手段的物化形式之一，它通过人内心的自我行为约束，即所谓"思其所阙（缺）多少"，来维护社会政治的"和平"稳定。

5.1.2 中国古代的社会组织形式

英国学者伯特兰·罗素（Bertrand Rossell，1872-1970）认为，人类社会的组织只有两种形式。一种是并没有具体的目的，只是因为在一起生长而产生的组织关系，可以称之为"乡土组织"，乡土组织的人与人之间是一种"有机的团结"；另一种是为了完成某一件任务而结合的组织，可以称之为"契约组织"，契约组织中的人与人之间是一种"机械的团结"。乡土组织的管理首先重视纪律，采取以文化为导向的治理形态，其核心是"礼"和"风俗"，具体的方法是尽力"劝善"。而契约组织的管理首先重视效率，采取以法制为导向的治理形态，其核心是"法"，具体的方法是制定并严格保护"组织游戏规则"。乡土组织是"贵人政治"，因而必须尽量减少个人的作用。契约组织则是"能人政治"，其宗旨就是要让组织中每一个人都起到作用。"礼"禁于未然，而"法"治于已然。④

中国的传统社会是典型的乡土组织，努力"劝善"是不二法门。法国启蒙思想家、作家伏尔泰在其名著《风俗论》中讲到中国古代朝廷的运作方式时举了一个例子：18世纪中期，有一个叫石桂的农民捡到一个外省人丢失的钱包，他去到那个省，把钱包交给当地的知府，知府立即将该事上报大理院，大理院又立即禀奏皇帝，皇帝立即下诏给予石桂相当于五品官的荣誉头衔。如果任何一个环节耽误了如此美行的上报，该级的官吏就会被革职处分。

这一实例说明在古代中国这样一个权力高度集中、统一的传统社会里，中央的

图5-1
清代光绪年间礼部下发的允许建坊的文书

行政权力是无法到达基层的，所以统治阶级最关心的事就是：努力掌握"旌善"的最高权威，使每个人都以"留取丹心照汗青"的信仰来自觉地规范自己向中央的意志靠拢。

牌坊就是这样一个社会组织形式的必然产物，是"旌善"的最高形式。

5.1.3 旌表之制⑤

《书经·周书·毕命》释"旌表"的意义曰："旌别淑慝，表厥宅里，彰善瘅恶，树之风声。"最早关于"旌表"的记载见于《史记·周本纪》中的周武王"表商容之间"一事（注：旌表与表闾同义，有"旌表门闾"之说），讲的是周武王伐纣后采取的一系列争取民心的措施。此举在《尚书·武成》中释为"式商容闾"。自汉代以后，旌表之风盛行，历代文献记载不绝于史。

《后汉书·百官五》载："凡有孝子顺孙，贞女义妇，让财救患，及学士为民法式者，皆扁表其门，以兴善行。"其中谈到了旌表的对象（孝子顺孙，贞女义妇，让财救患及学士为民法式者）、旌表的方式（扁表其门）和旌表的目的（以兴善行）。就旌表方式，远不止"扁表其门"一种，《南史·周盘龙传》载曰：

孝子则门加素垩，世子则门施丹赭。

《南史·孝义传》中还记载了诸多榜门表闾之事，如：

董阳三世同居，外无异门，内无异烟。诏榜门曰："笃行董氏之闾"，蠲一门租布。

严世期，会稽山阴人也。性好施……宋元嘉四年，有司奏榜门曰："义行严氏之门"。

益州梓潼人张楚，母疾，命在属纩，楚祈祷苦至，烧指自誓，精诚感悟，疾时得愈。见榜门曰"孝行张氏之闾"，易其里为孝行里。

霸城王整之姊嫁为卫敬瑜妻，年十六而敬瑜亡，父母舅姑欲嫁之，誓而不许，乃截耳置盘中为誓乃止。……雍州刺史西昌侯藻嘉其美节，乃起楼于门，题曰："贞义卫妇之闾"。又表于台。

依上述记载，对于受朝廷表彰的人家，旌表方式还有如"门加素垩"或"门施丹赭"这样的色彩装饰以及如"义行严氏之门"、"孝行张氏之闾"这样的标名张榜，甚至可以建门楼、筑高台。旌表方式的规模和等级逐渐升高。

到五代时期，或许是因为表闾的形式越来越奢华，后晋王朝的户部官员上奏皇帝，就表闾的样式问题，希望讨个可以因循的章程。此事见于《五代会要》卷十五：

晋天福四年（939年）闰七月，尚书户部奏："李自伦义居六世，准敕旌表门闾，当司元无令式，只先有登州义门王仲昭六代同居，其旌表有厅事步栏，前列屏树、乌头，正门阀阅一丈二尺，二柱相去一丈，柱端安瓦桶黑漆，号乌头，筑双阙一丈，在乌头之南三丈七尺，夹街十有五步，槐柳成列。今举此为例，又不载令文。"敕：王仲昭正厅乌头门等事，既非故实，恐紊彝章，宜从令式，只表门闾。于李自伦所居之前，量地之宜，高其外门，安绰楔。门外左右各建一台，高一丈二尺，广狭方正，称台之形，垛以白泥，四隅染赤。行列植树，随其事力。同籍课役，一准令文。

再看《新五代史·李自伦传》载：

其量地之宜，高于门外，门安绰楔，左右建台，高一丈二尺，广狭方正称焉。坊以白而赤其角，使不孝不义者见之，可以悛心而易行焉。

以上两文中均记载有李自伦六代同居的"义门"，其门前设影壁、立阀阅、筑双阙、植行树，此规模等级有过高之疑，奏本说无依据可循。也许是因为其义门能"使不孝不义者见之，可以悛心而易行焉"，当时的皇帝后晋高祖石敬瑭（892-942年）还是敕令"宜从今式，只表门闾"，所允许的表闾规格样式仍旧较高，即高大其门，建牌坊（又称"绰楔"），门外建双台，圬白染赤，门前植树成行。

如此这般的表闾，与周武王时代的表闾相比，更显气派宏大。表闾的主旨也就产生了质的变化：周武王的表闾，为礼敬社会贤达，做出一种政治姿态；而后世的表闾，为表彰贞节孝义等，是封建社会的人生社会价值的一种定势取向。

表闾虽荣耀，但所受旌表往往需要付出很大的代价。如《南史·孝义传》中那个割耳守节，赢得"贞义卫妇之闾"的16岁女子，付出了整个青春。再如《元史·列女二》中记载有一位为免受辱，先杀女儿后再自杀，其家门题"王士明妻李氏贞节之门"字样的李赛儿，付出了生命的代价。

旌表为社会较为低层的人们提供了一种赢得荣耀的机会。世家可以门前阀阅，科举使读书人光耀门庭，官品可以换来门前列戟。相对而言，表闾最为贴近普通人的日常生活，它所要弘扬的是孝子顺孙、义夫节妇、累世同居等事迹。统治者有意打开一扇平民可以获得荣誉的"门"，旌表既体现了对社会风尚的倡导，也是平衡分配社会荣誉的一种措施，更是维护统治阶级和顺统治的软着陆工具。唐朝初年即用此法，《旧唐书·孝文·宋兴贵》载，宋兴贵累世同居，躬耕致养，唐高祖李渊闻之，于武德二年（公元619年）颁诏称赞："立操雍和，志情友穆，同居合爨，累代积年，务本力农，崇谦履顺。弘长名教，敦励风俗，宜加褒显，以劝将来。可表其门闾，蠲免课役。布告天下，使明知之。"明代万历年间重修《明会典》载：

> 国初，凡有孝行节义为乡里所推重者，据各地方申报，风宪官
> 复实奏闻，即与旌表。

明代特别重视旌表，在洪武二十一年（1388年）榜示天下，曰："本乡本里有孝子顺孙、义夫节妇，及但有一善可称者，里老人等，以其善迹，一闻朝廷，一申有司，转闻于朝。若里老人等已奏，有司不奏者，罪及有司。"邻里可以推荐旌表对象，有关部门如若耽误，是要被追究失职责任的。

重视旌表却又限定旌表对象的范围，即只表彰平民，是一种必然的政治需要，直至明代中期仍旧坚持这一原则，如明正德十三年（1518年），有曰："令军民有孝子顺孙、义夫节妇，事行卓异者，有司具实奏闻。不许将文武官、进士、举人、生员、吏典、命妇人等，例外陈请。"到明嘉靖年间对此才有所放宽，《明会典》记载："嘉靖二年（1523年）奏准：今后天文武衙门，凡文职除进士、举人系贡举贤能，已经竖坊表宅，及妇人已受诰敕封为命妇者，仍照前例不准旌表外，其余生员、吏典一应人等，有孝子顺孙、义夫节妇志行卓异，以激励风化，表正乡闾者，官司俱仍实迹以闻，一体旌表。"由此可见旌表对象的社会阶层有所扩大，但扩大进来的依然是社会地位相对较低的那一部分人，这的确是一种平衡荣誉、广收民心的政治需要。至清代，明朝不被旌表的进士、举人等也被纳入了旌表之列，清《太仓州志》载："按牌坊盖表阙里居遗意，国制凡贡生、举人、进士，官授建坊银。则是岁贡以上，皆得建坊，不必功德巍巍也。"有功而不"巍巍"的人也可以被旌表建牌坊。明清之所以为牌坊发展的鼎盛时期，与旌表范围的进一步扩大不无关系。

在明代的旌表规定中尚有一项值得注意，即明朱元璋洪武二十七年（1394年）诏曰："申明孝道，凡割股或致伤生、卧冰或致冻死，自古不称为孝。若为旌表，恐其仿效，通行禁约，不许旌表。"孝顺之行虽可旌表，但若将割股伤生、卧冰冻死之事定为孝行而予以表彰的话，实属对生命的漠视和残忍。可

见"孝"也得行之有道。

明初对于立牌坊旌表对象范围的限定，不失为一种政治智慧。然而，到了明朝中期，情况发生了很大的变化，由于牌坊大都气势宏伟，造型精美，一些达官显贵们利用它来装裱门面。当时一位叫陆容的官员对此有所微言，写在其《菽园杂记》一书中：

> 今旌表孝子节妇及进士举人，有司树坊牌于其门，以示激劝，即古者旌别里居遗意也。闻国初惟有孝行节烈牌，宣德、正统间，始有为进士单人立者，亦惟初登第有之。仕至显官，则无矣。天顺以来，各处始有冢宰、司徒、都宪等名，然皆出自有司之意。近年大臣之家，以此为胜，门有三坐者，四坐者，亦多干求上司建立而题署，且复不雅，如寿光之"柱国相府"，嘉兴之"皇明世臣"，亦甚夸矣。近得《中吴纪闻》阅之，见宋蒋侍郎希鲁不肯立坊名，深叹古人所养有非今人所能及者。吾昆山郑介庵晚年撤去进士坊牌，云无遗后人笑也。

文中讲到一些大臣刻意经营门前风光，树立众多精美的牌坊，并请上司题写夸大其词的言语，榜于坊上，陆容着力批评这样的行为。可见古人立牌坊之本意乃是旌表褒奖，而非炫耀标榜门第之用。

5.2 牌坊的社会功能

事物的存在和发展，与其自身的物质形态、社会功用以及人们的意识、理想是分不开的。当事物的物质形态和社会功用能不断满足人们的意识、理想，并随之深入地发展时，事物自身就会不断地延续、发展、更新。牌坊的几大原形——衡门、里坊门、华表、门阙以及尔后的乌头门、棂星门——都具有纪念旌表和空间界定两大基本功能。由于牌坊是"劝善"的首要工具，因而牌坊的历史发展轨迹是在适应时代、社会、政治、阶级、审美的要求中，不断地变革、完善、更替、创新的。这也是牌坊之所以能屹立至今的根本原因。

德国现象学家埃德蒙德·胡塞尔（Edmund Husserl）认为，人们是居住在"生活世界"中的。"生活世界"是指人们日常生活的世界，是一个具有目的、意义和价值的世界。在这个世界里，人们的意识活动和活动所指向的对象构成生活世界的两极，在经历的基础上，人们的意识活动赋予这些对象以意义和价值。在人类的物质生活历史实践中，物质世界因为被人所用而具有了一定的意义，同时人类的精神世界也因物以为用而凝结在物质世界之中了。⑥

牌坊是封建社会（即生活世界）中被道德伦理和宗法礼教观念（即意识活动）赋予了意义和价值的对象。旌表褒奖是道德礼教和宗法观念赋予牌坊的最主要的功能之一。立牌坊的一个重要目的就是为世人树立道德楷模，使被旌表的人"美名远扬"、"流芳百世"，潜移默化地熏陶、教育世人要多行善积德，严格遵循社会伦理的道德规范和维护统治阶级，如忠、孝、节、义、悌、仁、礼、智、信、三从四德、三纲五常等。因此，世间的功臣、良将、贤士、科甲俊才、节妇、孝子、善人、义士等都是旌表褒奖的对象。

每一座牌坊上面都会刻写关于牌坊的诸多信息，这一记述历史的特点与石碑有相似之处，它们都记载发生过的事情，刻载着牌坊主人的姓名、家世、身份、地位、业绩、荣誉以及建造时间和出资人姓名等资料。在四川隆昌县的两处牌坊群中，既有牌坊又有碑，碑文曰："政通人和"、"除暴安良"、"锄莠安良"。阅读牌坊上的"石书"就如同阅读"史书"，如安徽歙县许国大学士牌坊，上面镌刻了被旌表者的名字："许国"，其身份地位："大学士"、"少保兼太子太保礼部尚书武英殿大学士"，其功绩："上台元老"、"先学后臣"以及当时地方官员的姓名。

图5-2
四川隆昌牌坊群
("政通人和"、"除暴安良"和"锄莠安良"石碑)

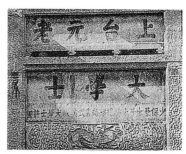

图5-3
安徽歙县许国牌坊题刻内容

触景生情，望物感叹，怀古伤今，世人每每面对一座座屹立其间的牌坊，无不油然而生复杂的情思感慨：或敬仰，如"乐善好施"坊；或尊崇，如"太和元气"坊；或颂扬，如"鲍灿孝行"坊；或仰慕，如"许国大学士"坊；或缅怀，如"戚继光父子总督"坊；或哀悼，如十三陵石坊；或感伤，如"孝贞节烈坊"；或同情，如"节孝总坊"；或祝福，如"双寿承恩"坊；或羡慕，如"三元及第"坊；或激愤，如"保卫和平"坊……因而承载情感和纪念追思是牌坊的旌表褒奖功能的延续。

一般每一座牌坊都有一个旌表的主题，如"乐善好施"、"豸绣重光"、"状元及第"、"粤东正气"、"正大光明"、"仁心善政"、"冰雪盟心"、"天鉴精诚"……表达了中国封建社会中人们的人生理念和夙愿。

由于牌坊多造型精美且雕饰华丽，又多立于人们熙来攘往之处，因而它又被达官显贵、名门望族所利用成为炫耀财富、标榜地位的工具，如安徽歙县西递村的"胶州刺史"坊以及诸多祠堂大门门坊。

牌坊之始，即是为门，起分化内外空间的功用，虽然后来发展成为独立的坊门，但是其空间界定、标识分区的功能沿用至今。中国古代城市的街头巷尾、路桥两端以及宫苑、府第、寺庙、店肆等建筑群中都建有牌坊，这些牌坊

图5-4
四川隆昌郭玉峦"乐善好施"坊

图5-5
四川隆昌刘光第"仁心善政"坊

图5-6
四川隆昌百岁老人舒承湜"世上难
逢"坊

图5-7
四川自贡倪氏"冰雪盟心"贞节坊

具有明显的界定空间和标识美化的作用。关于具体的牌坊空间特征,将在第六
讲"牌坊的应用"中详细解析。

5.3 牌坊的文化内涵

文化,包括科学、艺术、宗教,法律、道德、风俗、习惯……从广义
来讲,是指人类社会历史进程中所创造的物质与精神财富的总和;从狭义
来讲,是指社会的意识形态以及与之相适应的制度和组织机构。文化是一
种历史现象,每一个社会都有与其相适应的文化,并随着社会物质生产的
发展而发展。作为意识形态的文化既反映又影响社会、政治、经济。文化
的发展具有历史延续性,社会物质发展的历史延续性是文化发展历史延续
性的基础。

建筑是一种文化载体,建筑学家林徽因先生曾说:"当你踏上异国他乡的土地的时候,首先和你对话的是这片土地上的建筑,它以其民族特有的形式向你讲述这个民族的历史、民族的精神、民族的审美,它比写在史书上的历史更生动,更形象。"[7]建筑不仅仅是一部建筑本身的历史,更是一部社会文化的历史。牌坊是古代中国所特有的建筑形式,具有其独特的文化内涵。

牌坊的文化内涵表现为它既是中国古代旌表之制的物化代表,也是中国民俗民风的物质载体。

徽州是中国牌坊最为集中的地区之一,在此完好地保存了诸多类型的牌坊,有为考中科举而立的科举坊,有为为官清廉而立的廉政坊,有为老人长寿而立的人瑞坊,其中贞节牌坊和功德牌坊最多。这至少说明了两个问题:一是古代徽州以宗族为核心的基层组织,为解决各种社会问题,进行了长期的、在一定时期内卓有成效的努力;二是古代徽州人以商为主的生活态度,造就了诸多社会"善行"的兴起。

大理学家朱熹就出生在徽州,他发展完善了理学思想,创造了更加严谨的规矩和秩序,进一步强化了徽州人的宗法观念。清朝人记载徽州民风,写下这样一段话:千年之冢,不动一坯,千丁之族,未尝散处,千载谱系,丝毫不紊。

宗族的强大推动了徽商的发展。在商海的竞争中,宗族集体应战远比个体单打独斗更能抵抗风险、聚敛财富。随着经营的不断壮大发展,徽商渐渐垄断了木材、茶叶、丝绸、盐业等贸易,最终形成了徽商称雄中国数百年的局面。而徽商的成功,又促使他们要继续维系宗族的稳定和强大。

传宗接代,女人是关键。徽商出门在外经商,留下自己的女人在家,怎么维持家庭的稳定和宗族的延续呢?徽州男子外出经商之前,父母都要为他们完婚。新婚不久,丈夫就要远走他乡。商海险恶,男人们在外面打拼,十年八载难得回家一次。徽州当地民谣唱道："一世夫妻三年半，十年夫妻九年空。"在理学大本营的徽州，妇女们的行为受到了严格限制。已婚女子，无论丈夫在与不在，都要承担起侍候公婆、照顾家庭的重任。

程朱理学除宣扬孝道外，还颂扬贞节观念。宋代理学家程颐曾说："饿死事极小，失节事极大。"诸如"三从四德"、"夫为妻纲"、"从一而终"、"冰清玉洁"，这些存"天理"而灭"人欲"的节烈之举为中国封建社会历朝历代所旌表，为此而建造的牌坊更是奉皇帝圣旨而建的。

对妇女进行旌表最早出现在东汉时期，据《后汉书·安帝纪》记载，元初六年，"诏赐贞女有节义谷十斛，甄表门闾，旌显厥行"。"甄表门闾"与《后汉书·百官五》记载的"扁表其门"一样，即在被旌表者出入的门坊上昭示表彰其善行，以"劝善"世人。到唐代，对贞节妇女的旌表方式，为树阙以显。树立贞节牌坊予以旌表的制度的真正形成，则始于明太祖朱元璋下诏旌表贞节善行，《明史·列女传序》载："大者赐祠祀，次亦树坊表，乌头绰楔，照耀井闾。"立贞节牌坊，明代虽已成定制，但是并无具体的规定，到清代，《大清会典》中已对此旌表之制有了详细的规定。

全国大大小小的众多牌坊之中，真正属于女性的只有一种，那就是贞节牌坊。贞节牌坊，是中国古代妇女心中难以逾越的障碍。据四川《绵竹县志》卷七"烈女"志记载：宋以前，绵竹县有节妇2人；宋代，有1人；明代，节烈妇女增至18人；到清代，节妇猛增达955人、烈女44人；民国初期尚有3人。可见，随着时间的推移，贞节观念更加根深蒂固、深入人心。再据《太湖备考》记载，仅苏州一带被传颂的"节妇烈女"就有1743人，其中107人被"钦赐旌表"，在太湖东山上立石牌坊。安徽黟县现存的82座牌坊中，就有34座贞节牌坊，占五分之二多。建于光绪三十一年（1905年）的"孝贞节烈坊"，是徽州最后一座牌坊，该坊虽甚为简陋，但是额枋上书"徽州府属孝贞节烈65078名"，此坊题刻的只有触目惊心的数字，却没有名字。

图5-8
四川隆昌"节孝总坊"

图5-9
"节孝总坊"刻文

　　四川隆昌县春牛坪上的六座牌坊中，除了一座同时旌表当地188位贞节妇女的节孝总坊外，还有一座节孝总坊，与前者不同之处在于其上面多了一名男性孝子的名字！男子登上节孝坊名录是十分罕见的事，或许"节"与"孝"在此并非专指女子的贞节和孝道，也可以指男子的气节和操守，正如西晋文学家左思（约250-305年）在《咏史》一诗中写道："功成耻受辱，高节卓不群。"

　　尊老敬老是中国传统美德，牌坊中的百岁人瑞坊，就是对长寿老人表达敬意的标志。据高成鸢的《中国的尊老文化》一书考证，对百岁老人进行旌表的较早记载，见于《宋史·郎简传》：郎简为官有实绩，致仕后向人们施医舍药。他89岁无疾而终，朝廷表彰他，"榜其里门曰德寿坊"，这是借其所居的闾里之门，表彰其德寿。据《古今图书集成》载，明代曾任知府的林春泽，活了104岁，获得"人瑞"称号，并建有牌坊。他写诗《谢建百岁坊》以谢龙恩，诗曰："擎天华表三山壮，醉日桑榆百岁红。愿借末光垂晚照，康衢朝暮颂华封。"《清朝通典》载，康熙四十二年（1703年）颁布："百岁老民给与'升平人瑞'匾额，并给银建坊。节妇寿至百岁者，给与'贞寿之门'匾额，仍给建坊银两。"百岁老者，不论身份，都予以赏赐，如四川隆昌的"世上难逢"坊、山东单县的百狮坊、安徽歙县的"双寿承恩"坊等，这是中国古代尊老传统的着力表现。

牌坊还是中国古代社会民风民俗和世俗信仰等文化的一种重要的物质载体。诸如孔子崇敬、八仙信仰、关公信仰等各种民间信仰以及对松、竹、梅、兰、龙、凤、狮、豹、鹿、龟、鹤等表示吉祥祝福图案的喜好，都能在古代牌坊中找到印记。如建于清乾隆年间的山东单县的"百寿坊"，因其额枋上浮雕有100个字体不同的"寿"字而得名，其4根立柱的8块夹柱板上浮雕有"牡丹蝴蝶"、"芙蓉牡丹"、"梅花喜鹊"、"竹梅绶带"、"春燕桃花"、"绣球锦鸡"、"水仙海棠"、"秋葵玉兰"，它们的寓意分别是"富贵无敌"、"荣华富贵"、"喜上眉梢"、"齐眉到老"、"长春比翼"、"锦绣前程"、"金玉满堂"、"玉堂生魁"。再如位于四川汉源县九襄镇古代南方丝绸之路上的九襄石牌坊，雕刻有48组以"忠、孝、节、义"为主题的传统川剧剧目，题材内容广泛，有《完璧归赵》、《木莲救母》、《四郎探母》、《三英战吕布》、《十二寡妇征西》、《空城计》、《安安送米》、《蟠桃盛会》、《西厢记》等三十余出，雕刻的戏曲内容舞台场面宏大，生、旦、净、末、丑各行当齐全，既有历史上战事纷争的大戏，又有风趣幽默的民间小戏，既有英勇威猛的男儿猛将，也有巾帼不让须眉的女儿英雄。这座牌坊不仅蕴含了儒道两家的伦理道德思想，还着重体现了当地的乡土人文和民间世俗文化（详见第七讲"牌坊的装饰艺术"）。

还有一种世俗民风凤愿反映在四川隆昌县内的两座"乐善好施"坊上，该二坊上的"善"字均少书写一点，当地村民解释说，那是寓意善事从来就做不完的，还有做善事得有始有终，不能只做一点，更不能浅尝辄止。古人就这样寄托深深的情愿于牌坊之中。

在民间，临时搭建的彩牌楼，不为旌表之用，而是单纯地为节日、庆典等喜庆活动增添欢乐、祥和、祝愿、喜悦的气氛之用。清代方浚师的《蕉轩续录》记载：清康熙三十二年（1693年），康熙皇帝六十大寿庆典上，北京神武

图5-10
"克林德碑"牌坊

图5-11
"公理战胜"牌坊

门到畅春园沿途搭建了数不清的过街彩牌楼，均为全国各地为祝寿而设置，牌坊的匾额上都写满歌功颂德、喜气洋洋的题词，如"寿齐天地"、"民和年丰"、"四海升平"、"厚德无疆"、"皇仁浩荡"等。

一座牌坊一段历史。牌坊就如同历史教科书一样，是历史上重大事件的实物记录和真实见证。清光绪二十九年（1903年）建成的汉白玉"克林德碑"牌坊经历三个时代，即封建社会、半殖民地半封建的"中华民国"、社会主义的新中国。在封建社会，它是一座丧权辱国的牌坊，其上书"由于庚子年义和团拳民之变，致使德国公使被杀，有幸与帝国议和告成，特立此坊以作纪念……"牌坊上还刻有英文、法文和拉丁文。1918年，第一次世界大战结束，中国作为战胜国，捣毁了这座耻辱的"克林德碑"牌坊，次年，法国又将之修复并移至中央公园（今中山公园），改名为"公理战胜"牌坊。1952年，在北京召开"亚洲太平洋地区和平友好会议"，将其改名为"保卫和平"牌坊。即使是同一座牌坊，在不同时代也反映着不同的时代背景和社会特征，这就是牌坊的意义。

5.4 牌坊的区域分布和地域特色

5.4.1 牌坊的区域分布

华夏大地现存于世的牌坊数以千计，但是由于各地区风俗习惯的差异、区域间经济发展程度的不同、地区间气候条件和选用建筑材料的不同以及受中国传统思想文化的影响大小不同等原因，牌坊在地域上的差别也呈现出不均衡性和差异性。大体而言，东部、中部、东南部较多，尤以安徽、浙江、河南、北京、山东等地区为甚；西部地区较少，尤其是新疆、西藏、内蒙古、宁夏数量甚少。

从大体的区域分布情况来看，中国牌坊分布的现状是由两个不同的核心所控制的，这两个核心分别是帝王皇权和伦理宗法。中国历史上以帝王皇权为中心的都城建设首先是从西部开始的，即咸阳、西安；然后由西往东移至洛阳，最后移到开封；紧接着是往南移到临安（今杭州）、南京；最后再往北移，到达北京。这种从西向东再从南向北的皇权中心的转移过程，伴随着"等级权威"维护的加重和"劝善"的加深，牌坊这一社会控制的工具也随之强化，所以河南、南京、北京及它们的周边地区牌坊分布较多。

再看，中国是"礼仪之邦"，封建的伦理道德和宗法礼教在古代中国是深入民心、根深蒂固的。伦理宗法的核心地区，是山东和徽州（今安徽南部与江西北部的交接地区）。山东是孔子的故里，是儒家思想的发源地和发祥地，徽州是程朱理学的大本营，所以在以它们为中心的地区，那些体现中国古代伦理道德和宗法礼教的牌坊，也就分布得甚广、建造得甚多。

新疆、西藏、内蒙古、宁夏等自古以来多为少数民族聚居自治的地区，受中原皇权和伦理宗法的影响较小，所以牌坊在此的分布也就相对较为稀少。

5.4.2 牌坊的地域特色

中国土地广袤，地区之间在诸多方面的差异也甚为明显，致使牌坊这一建筑小品在各个不同的地区也存在差异。

就牌坊类型而言，北京多官式、皇家礼制、标识装饰性的牌楼，如琉璃牌坊；山东多与儒家有关的牌坊；徽州和江浙一带则多民间旌表纪念性质的牌坊。就牌坊用材而言，在数量上，木牌坊较石牌坊少得多，且主要分布在气候干燥的北方地区；多雨潮湿的南方地区则多石牌坊和砖牌坊（门），而少木牌坊。就牌坊造型而言，北方木牌坊屋顶举折平缓，出檐较少，而显坚实厚重；南方木牌坊屋顶出檐深远，翼角高翘，檐下斗栱繁多，而显玲珑轻盈。就牌坊构造而言，北方石牌坊用料粗犷，构件多为整石雕琢；南方石牌坊各构件多采用拼装组合，斗栱、绦环板等处做镂空处理，如明中叶，南

图5-12
北京碧云寺石牌楼的官式斗栱造型

图5-13
安徽棠樾"慈孝里"石牌坊的斗栱造型

图5-14
泰山"一天门"坊斗栱

图5-15
南方牌坊的斗栱采用拼装组合方法

方牌坊的斗栱采用拼装组合后形成出跳的偷心栱板（或昂板）与正心缝方向
的花板相拼合的模式化做法。就牌坊装饰而言，北方木牌坊多施彩绘；南方
木牌坊多为清水或仅施以单色漆绘。就牌坊空间而言，北方牌坊多为单排柱
"一"字形布局而无进深；南方牌坊多为双排柱有进深布局而具有一定的立
体空间感。

　　除上述大区域间牌坊的差别外，即使在同一较小范围内牌坊之间也有
一定的差别。比如福建与安徽两地的石牌坊：福建的石牌坊柱子多不出头，

图5-16
安徽歙县殷家大司徒坊的屋顶翼角

图5-17
福建福安隆坪牌坊的屋顶翼角

图5-18
福建仙游东门石坊的垂莲柱装饰

图5-19
广东珠海梅溪牌坊的立柱和梓框柱头线脚

安徽的石牌坊较多采用冲天柱式；福建石牌坊屋角起翘明显，出跳较大，安徽石牌坊的屋顶檐口平直，出跳较小；安徽的石牌坊多为单排的三间四柱式，斗栱承托屋顶，构成假楼阁式，并在檐口石板上做假屋面再压屋脊，而福建的石牌坊多为两排柱三间五楼十二柱式，有一定的进深，两次间做成真楼阁，形成一定的阁内空间，因此屋顶较大，檐口板上做真正的坡屋顶和屋脊，使得其层次更显丰富；福建石牌坊的屋顶直接压在梁枋之上，不设斗栱，而且常挑出垂莲柱作重点装饰，这是安徽的石牌坊所没有的；福建石牌坊多用青石镂空透雕的花板作为装饰，特别是闽南地区的石牌坊常以青、白石相间使用。总体看来，安徽的石牌坊粗壮、简洁，而福建的石牌坊精巧、华丽。

清代后期，有的牌坊也受到西方建筑的影响，而呈现出中西合璧的风格。广东珠海梅溪陈芳祠的"急公好义"坊，建于清光绪十二年（1886年），是光绪帝为表彰清廷驻夏威夷第一任商董陈芳及其家人为家乡所做善事而赐建。该组石牌坊的立柱和柱间梓框均采用简化的西方古典券柱式构造，柱头施多层线脚，是一座典型的中西合璧式风格的牌坊。

小结：之所以到此时才介绍牌坊的区域分布和地域特色，是因为分布和特色与前面各章节所论及的，如牌坊的类型、牌坊的造型特色、社会背景等有关。牌坊的类型、特色、背景等好比"点"，而牌坊的区域分布和地域特色好比"面"，理应先有"点"后有"面"；否则，就会造成前面应用的概念要到后面才有相应解释的尴尬局面。

注释：

① 傅西路. 马克思主义哲学原理［M］. 北京：中国展望出版社，1983：198.
② 朱良志. 曲院风荷［M］. 合肥：安徽教育出版社，2003：4.

③ 吴根友. 中古社会思想史［M］. 武汉：武汉大学出版社，1997：2.

④ 曹国新，孙萱. 悠然婺源［M］. 广州：广东旅游出版社，2004：87.

⑤ 吴裕成. 中国的门文化［M］. 天津：天津人民出版社，1998：270.

⑥ 引言［J］. 新建筑，1995（3）.

第六讲

牌坊的应用

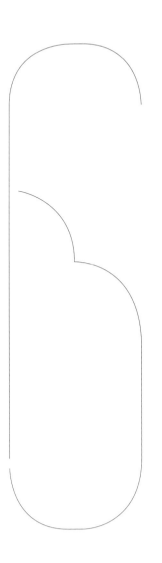

前面提到了牌坊具有纪念旌表和空间界定两大基本功能。纪念旌表这一功能在第五讲已经较详细地论述到了。牌坊的空间界定、标识功能，是牌坊最基本的物质实用功能，因为其根源是"门"，"门"的基本功用就是"别内外"。但牌坊又不仅仅是"门"，它在更多情况下起着空间节点控制，无形之"门"的作用。牌坊除独立观赏以外，还常常与其他建筑、街巷道桥、景园山水结合在一起，起着或先导或过渡的画龙点睛之作用。

本讲着重介绍和解析牌坊作为独特的建筑空间构成元素在建筑群、城乡空间、风景园林中的空间形态特征和作用。

6.1 牌坊在建筑群中的应用

牌坊，在中国传统建筑群体规划中被广泛地应用在建筑群的入口处和建筑群的中央院落中，作界定空间、装饰空间、渲染空间氛围之用。牌坊虽小，但它可界定并收敛空间，将一个空间无形地划分为两个或几个部分，使建筑空间似隔非隔、似连非连，使观者在心理和生理上都仿佛进入了一个新的区域，与此同时，牌坊还赋予空间某种性质和意义。

明代迁都北京后，在昌平天寿山修建了集中的陵区，俗称"十三陵"，其制度基本遵循明孝陵形制。[①]因地制宜地建造的陵区，气象宏阔，肃穆清冷。陵区的北、东、西三面山峦环抱，十三座陵墓散布于山麓间，各居山峦，面向中心陵墓——长陵。长陵（明成祖之陵）位于天寿山主峰前，其南6公里处，有两座对峙而立的小山，成为整个陵区的入口。山峦环抱的地形造成了内收的完整环境，整个陵区，南北约9公里，东西约6公里，规模宏大。整个陵区的起点，是南面山口外的一座建于明嘉靖年间的六柱五间十一楼的仿木构石牌坊，牌坊的中心轴线正对11公里外的天寿山主峰。自此向北，神道经大红门、碑亭、石象生至龙凤门（相当于棂星门），龙凤门至长陵约4公里。在这原本荒芜肃静、深悠清冷的天寿群山前，石牌坊作为整个陵墓建筑群的起点，标志着一个巨大而神圣的工程的开始，使人们的心灵在此肃然停顿，神往心境油然而生。这里的牌坊，既是建筑群的起始先导空间，也是心灵的起点。

再如河北易县清西陵的泰陵，是雍正皇帝的陵墓。三座六柱五间十一楼的仿木构石牌坊为"品"字形格局，列于大红门之前，形成一个半开半合的广场式四合院，像这样布局的陵墓入口在中国历代皇陵中甚为少见。

北京雍和宫门前的宝坊院北、东、西三面都立有四柱三间七楼的木牌坊，亦采用半开半合的布局形式。北京颐和园须弥灵境建筑群入口处的三座牌楼的"品"字形布局，即是牌楼与宝华楼、法藏楼、须弥灵境大殿围合形成了对外封闭的四合院落。由于该建筑群建在山地之上，院落内有两段高差台阶，所以首进平台上的三座牌楼又形成了相对独立的牌楼院，引导建筑群向上和向北发展。

孔庙遍及全国，但是规模最大、等级最高的是位于山东曲阜的孔庙。曲阜城是以孔庙为中心建立起来的。曲阜孔庙南北长600余米，东西长仅145米，狭长的空间布局形式强化了南北中轴线。全庙由南向北，以垣墙廊庑为界分为八进，前三进为引导部分，布置牌坊、石桥、棂星门，植柏树。由棂星门至大中门，此两进为孔庙的前奏。自大中门起为孔庙本身，长方形的院落，四周置角楼，近似宫禁制度。再进，为宏伟的奎文阁，奎文阁后为孔庙的主体建筑：大成门和大成殿。

曲阜孔庙的前三进引导部分都以牌坊（棂星门）为中心，由南向北的中轴线上依次置"金声玉振"坊、"棂星门"坊、"太和元气坊"、"至圣庙"坊，四座石坊层层递进，步步深入，第三进院落中横轴线左右还置"道冠古今"坊和"德配天地"坊，形成一个名副其实的牌坊院落。

山东曲阜的颜庙建筑群，南北轴线上依次排列："复圣庙"坊、复圣门、

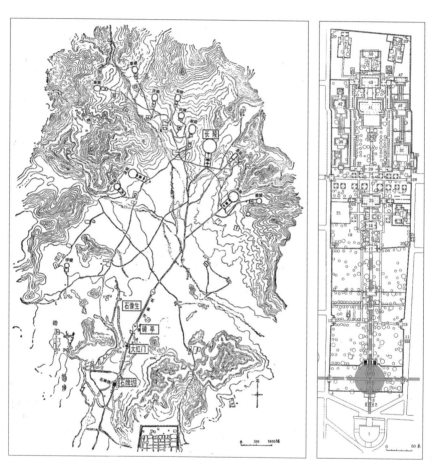

图6-1
北京明十三陵墓区总平面

图6-2
山东曲阜孔庙总平面

归仁门、仰圣门、东亭、复圣殿、寝殿，前后形成大小不等的四个院落。建筑
群的先导空间序列由高墙连接南面的"复圣庙"坊、东面的"卓冠贤科"坊、
西面的"优入圣域"坊和北面的复圣门围合而成。此处空间狭窄细长，与复圣
门后宽敞的院落空间形成鲜明的对比。

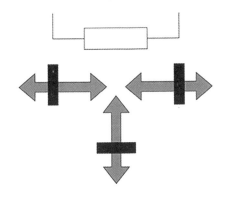

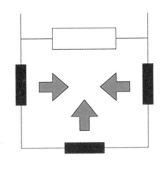

图6-3
三座独立的牌坊位于建筑群之前，无形地界
定出空间领域，但又使空间内外贯通，建筑
"场"的作用范围被延伸加大，形成虚实交融
的"灰空间"

图6-4
三座牌坊位于建筑群之前，由围
墙串联起来，界定出对外封闭的
空间领域，空间向心性和内聚性
极强

　　中国封建政治推行儒学，曲阜孔庙的"万仞宫墙"照壁、泮池、石桥、
棂星门、大成殿等，都为全国各地文庙建设所效仿，其中以牌坊的组合变
化最为丰富，虽等级气势不及曲阜孔庙的多进牌坊院落，但也不乏奇品。

图6-5
曲阜孔庙中轴线牌坊
（"太和元气"坊和"至圣庙"坊）

图6-6
曲阜孔庙中轴线牌坊
（"金声玉振"坊和"棂
星门"坊）

图6-7
颜庙"优入圣域"坊

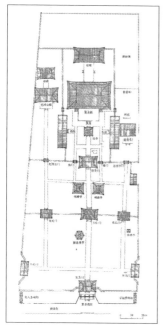

图6-8
山东曲阜的颜庙建筑群总平面

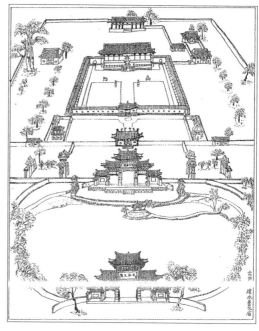

图6-9
云南建水文庙建筑群

四川富顺文庙横向排列"道冠古今"坊、"棂星门"坊、"德配天地"坊三坊;四川犍为文庙则"五坊合一",只建一座"棂星门"坊(注:集"金声玉振"、"太和元气"、"道冠古今"、"德配天地"和"江汉秋阳"五坊于一体),独一无二。

云南建水文庙是规模仅次于曲阜孔庙的全国第二大文庙。入口牌坊群的规模和气势也巍然壮观。建筑群布局奇特,有三进围墙院落,首进围墙围合成圆形院落,第二进围墙围合成横向长方形院落,第三进围合成方形院落,前两进院落为名副其实的牌坊院落空间。首进院落南北两端各立"太和元气"木坊和"洙泗渊源"木坊,空灵的两重牌坊和平静的池面使院落空旷通透,景深悠

远，以第二进的"棂星门"坊为对景终点。第二进院落的"棂星门"坊前左右
各对列两座石牌坊，强调了以"棂星门"坊为构图中心的地位。此处的"棂星
门"坊似门似屋，为"棂星门"一造型独例。

图6-10
云南建水文庙"礼门"坊

图6-11
云南建水文庙"洙泗渊源"坊

衙署，旧时官吏办事之处，《旧唐
书·舆服志》载："诸州县长官在公衙亦准
此。"衙署建筑威武严肃。清光绪年间，
河南内乡县衙建筑群布局，较同治年间，
纵向进深加大，平面更加规整严谨，规模
也更大。自南往北，中轴线上依次排列：
照壁、宣化坊、大门、甬道、仪门、戒石
坊、大堂、二堂、内宅（三堂）。宣化坊和
戒石坊，分别位于内乡县衙建筑群两个核
心公共空间中，一是衙门入口临街处，一
是仪门与大堂之间封闭的四合院内。

　　在建筑群中出现的牌坊，数量多不
枚举，几乎在各种类型的建筑群中都能

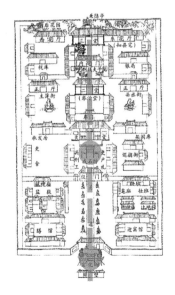

图6-12
河南内乡县衙建筑群

觅到牌坊的踪影，比如江西铅山鹅湖书院建筑群内的"继往开来"石牌坊，北京天坛内圜丘坛四周的两重棂星门坊，江西乐安县流坑村董氏大宗祠入口牌坊群，北京碧云寺中轴线上的木、石、琉璃牌坊群，等，可谓蔚为大观也。

6.2 牌坊在城乡空间中的应用

牌坊之始，虽然是"门"，依附于建筑，但是它面向城市大街，所以它也是"最具公共性的一种公共艺术"。牌坊成为真正独立的"公共艺术"，是城市里坊制度瓦解，坊墙消失以后之事，即牌坊由早期依附于建筑、平行于城市街道的坊门，逐渐发展成独立的、垂直横跨于城市乡野街道之中的牌坊。里坊制度时期，坊墙存在，坊墙和坊门共同围合内部空间，形成封闭的实体界面，区分坊内居住和坊外街道两个不同性质的城市空间；沿街设店的城市格局形成后，坊墙消失，分割不同性质区域的界面也随之消失，只留下单独存在的坊门，它们位于两个不同属性的城市空间交汇处，起到心理上的空间领域划分的作用，加强了区域内部空间的向心力，因而坊门从分割城市空间的线性元素（边界），上升为独立存在的控制特定区域的城市节点。

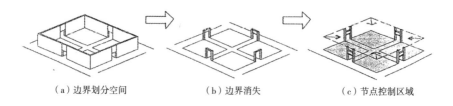

（a）边界划分空间 （b）边界消失 （c）节点控制区域

图6-13
坊墙消失后，牌坊空间性质发生变化

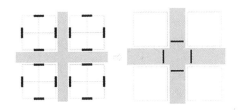

图6-14
牌坊性质变化之一是牌坊移植到原有的大街
上作为空间界定标识

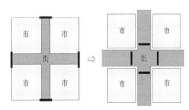

图6-15
牌坊性质变化之二是牌坊保留在原
位，以前坊内的街道延伸出去与其他
的道路汇合

　　坊门发展到牌坊，地位的改变带来了形式和结构的变化。牌坊还是坊门之时，为两柱一间式；当牌坊跨街而立之时，由于城市交通流量增大和自身稳定性的需要，出现了四柱三间和六柱五间的结构形式，其中绝大多数为四柱三间式，六柱五间式或许是由于封建等级太高而多见于京城，如昔日北京前门大街的"五牌楼"为六柱五间五楼冲天柱式（现已毁）。无论牌坊的位置如何变化，其根本的旌表和装饰职能没有改变，所以在明代以后更是大量涌现，并且高大宏伟、造型精美，占据城市乡野的主要街道巷口，"令人睹飞檐之美，忘市街平直呆板之弊"。

　　随着城市的发展，出现了多座跨街而立的牌坊集中布置的新形式，如一字形、十字形、丁字形等；有的还出现在城市中轴线的空间序列之中，与城市中心的主要建筑遥相呼应，强化城市主要脉络。

　　众多牌坊沿着城乡道路的走向，有序地依次排列开，而成"一"字形布置，如安徽歙县棠樾牌坊群（参见第四讲）、四川隆昌春牛坪牌坊群等。四川的隆昌县，古称隆桥驿，是一座"一道兴县，以道兴城"的历史古城，它沿巴蜀古驿道而建，横卧于数条古驿道的交汇处，是川、陕、云等地的陆路通道的中心。坊、塔、碑、关、石刻、古驿道遍布县内。据《隆昌县志》记载，自南北朝至隋唐时期，隆昌县因地理环境得天独厚，一直是商贾云集、才人辈出的

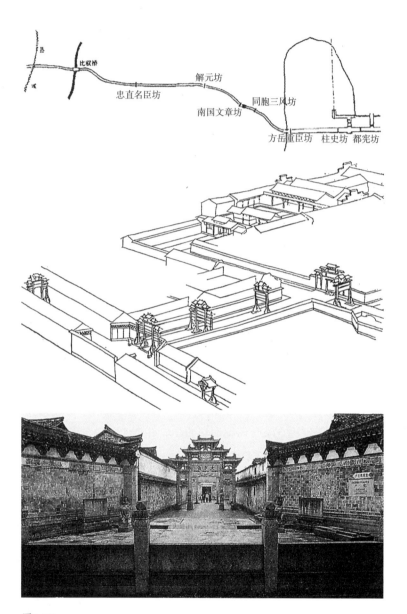

图6-16
浙江东阳卢宅宗祠前的牌坊群

地方。古隆昌县内原有牌坊69座，现存17座，建于明弘治九年（1496年）至光绪十三年（1887年）间，其中6座位于南关春牛坪古道上，4座位于北关道观坪古道上[②]。南关春牛坪古道的青石板路上的6座牌坊，从北往南依次是：郭玉峦功德坊、舒氏百寿坊、节孝总坊、节孝总坊、李吉寿德政坊、觉罗国欢德政坊。除舒氏百寿坊为四柱三间三楼式外，其余均为四柱三间五楼式。北关道观坪上，从北往南依次排列：牛树梅德政坊、孝子总坊、刘光第德政坊、肃庆德政坊。牌坊的深刻含义使众多建牌立坊者选择了古驿道这条必经之路，人们寄希望于这蜿蜒悠长的驿道能把家乡的义事善行美德带到远方，使之流传广远。如果只是单纯的青石板道路，熙来攘往其间的行人，固然感到路途乏味，然而排列有序地点缀在驿道之上的牌坊，既向行人传承了佳话，又缓解了行人路途的乏味，就如同一个个跳跃的音符，使原本单调的线谱，变成了高昂的乐章。浙江东阳卢宅宗祠前的牌坊群也有同样的空间效果，再加上诸多牌坊建造的朝代各不相同，更增加了人们在此城市道路上穿梭时产生的历史感。

北京城，战国时，这里就已形成城市，自辽、金以来，直至明清，沿袭唐制，分坊而治。坊门由街头巷尾的栅栏门，逐渐发展成为开敞的点缀街巷的建筑物，元代皇城中已有牌坊形制出现，据《元故宫考》记载："千步廊内，有棂星门。"自明代起，城市主要街道上开始修建牌坊。这些位于街道上的牌坊，是城市公共空间中的重要建筑物，有的跨街而建，有的临街而建，有的成片集中布置。北京是封建时代的"首善之区"，历朝历代都对它有过描绘：明初的《北京皇城图》，清代的《康熙南巡图》、《乾隆南巡图》、《光绪大婚图》、《乾隆京城生春诗意图》等大量生动形象的纪实图画，记录了北京城繁盛时期的历史画面。如明初的《北京皇城图》描绘了明朝初期新竣工的皇城景象，外城南面三座门（正阳门、宣武门、崇文门）和皇城的长安左门、长安右门前都立有牌楼，其中正阳门外的五牌楼是城市中轴线的起点，它构成了城市建筑空间，有强化公共建筑群体序列感，突出皇城建筑中轴线的作用。北京城的市肆

图6-17
四川隆昌昔日道观坪古道上
的牌坊群

图6-18
清代北京前门大街的五牌楼

共132行，相对集中地布置在皇城四侧，形成四个商业中心，即：城北鼓楼一带，城东、城西各以东、西四牌楼为中心，城南正阳门外的商业街区。清代末期，跨街而立的牌楼共计27座：前门外五牌楼（1座）；东、西交民巷牌楼（2座）；东公安街牌楼（1座）；司法部街牌楼（1座）；东、西长安街牌楼（2座）；东、西单牌楼（2座）；东、西四牌楼（8座）；帝王庙牌楼（2座）；大高玄殿牌楼（2座）；北海桥牌楼（2座）；成贤街牌楼（2座）；国子监牌楼（2座）。

图6-19
北京城的东四牌楼

图6-20
西四牌楼

图6-21
北京城东长安街牌楼

图6-22
西长安街牌楼

　　北京城的东（西）四牌楼，位于皇城东北角（西北角）市场上十字路口处的四条街道上，为十字对称布局的跨街牌楼。这与隋唐时期的东、西市里坊门完全不同：前者是标识一片开放的、边界较模糊的商业街和商业区；而后者则是标识一片封闭围合的、边界明确的商业区和区内的十字街道。东（西）四牌楼立于路口，标识街道，是商业市场的标志。西四牌楼也是昔日"弃市"之所。所谓"弃市"，即"朝服斩于市"之说，自汉朝以来都有在闹市处死犯人以警示世人的举措。明末杨士聪所著《甲申核真略》记载："西四牌楼者，乃历朝行刑之地，所谓戮人于市者也。"故西四牌楼的东牌楼匾额题"履仁"，西牌楼匾额题"行义"，南、北牌楼均题"大市街"，"履仁"和"行义"是在此处死犯人之目的和用意，"大市街"是标明该街区的商业性质。直至清代才改在城外的菜市口处死刑犯。

　　清代，榆林县（今陕西北部，无定河上游，邻接内蒙古）的"品"字形城市布局结构与北京城相似，有内城、外城、皇城和宫城。最南门——永定门与瓮城门之间立一牌楼，牌楼东邻天坛，西对地坛，形成外城轴线上的核心区域，是进入内城的过渡空间。内城的先导空间由南端瓮城城楼、北面倒"凸"字形城墙正中的大明门和东西两侧的文德、武功二坊构成，空间狭小紧凑，威严肃穆。内城与皇城之间的东西轴线上的十字路口处各立四座牌楼，即东四牌楼和西四牌楼。

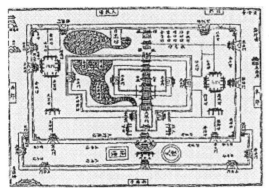

图6-23
清代榆林县城市平面图

图6-24
清代的昆明城市平面图

东四牌楼的东、西、南、北四面分别对应东安门、朝阳门、崇文门、安定门，在东四牌楼和崇文门之间的"丁"字路口处还立一牌楼；西四牌楼的东、西、南、北四面分别对应西安门、阜成门、宣武门、德胜门，在西四牌楼和宣武门之间的"丁"字路口处也立一牌楼，标识路口。整个榆林县城的城中南北、东西两轴线和主要街道上均立有牌楼，这些跨街而立的牌楼与城楼、钟楼、鼓楼、宫殿一起确定了城市的主要轴线和街道，是重要的城市公共建筑。

　　清代的昆明城，是一座以牌坊为中心的边城。在城中的主要街道上，牌坊是标志性的建筑物，其中以城市中轴线上的一、二、三、四牌坊最为壮观。从南往北：一牌坊是金马坊和碧鸡坊；二牌坊是忠爱坊，它与金马坊、碧鸡坊二坊形成"品"字形结构，故合称为"品字三坊"；三牌坊是天开云瑞坊；四牌坊是五华山上的万寿无疆坊。这四座牌坊连接昆明城内主要的街道，城市中最繁华的商业街市就位于其间。直至今日，该区域也是昆明市区内最繁华的商业区所在地。传说金马、碧鸡二坊在恰逢秋分的中秋傍晚，月升、日落之际，两坊的影子相交，曰"金碧交辉"，是天文学、数学与建筑学的完美结合的艺术精品。

　　在城市中，还有一种临时搭建的跨街而立的牌楼，用于临时营造场所氛围。起初多用于店铺招揽顾客的商业宣传，由于其所渲染的气氛浓烈，以至于后来被广泛地应用到各种社会庆典活动和婚丧仪式之中，俗称"彩牌楼"或"素牌楼"。顾名思义，遇喜事建"彩牌楼"，遇丧事建"素牌楼"（关于它们的形式、用途、意义在前文已作解述，在此就不赘言了）。

　　牌坊在城市中，除了跨街而立外，还有临街而立的。临街而立的牌坊主要有商业店肆的门脸牌楼和立于宫苑府第、署衙会馆等建筑物临街入口处的牌坊，后者有北京大高玄殿对面的牌楼和鼓楼前的火神庙牌楼、四川自贡西秦会馆武圣宫牌楼门、河南内乡县衙门前的"宣化坊"等。这些牌坊依附于建筑，一方面，它们着力强化建筑门前空间的领域性；另一方面，它们临街而建，面向公众，具有很强的公共性。这两方面决定了它们在其所处的城市空间中发挥着传递所依附建筑的功能属性和渲染空间氛围的作用。街道两侧林立的商业门脸牌楼渲染出了整个街区热闹、繁荣的商业气息；临街衙门前立的"宣化坊"牌楼刻画出了衙门内外肃穆、威严、谨慎、冷静的气氛；宗族祠堂入口的牌楼门或牌坊可让路人感受到家族历史岁月的悠远和沉重。

　　城市中，除了位于街道巷口的跨街、临街而立的牌坊外，还有立于城市河桥两端的桥牌坊。如安徽休宁县登封镇登封桥，南端桥头的石台阶中段竖立"登封桥"石坊，北端桥头立一块石碑，碑上刻有徽州府的正堂告示；再如云南禄丰县星宿桥，东桥头立有四柱三间三楼的歇山顶式"星宿桥"木牌楼，西桥头立有造型奇特的十柱九间三楼仿木"坤维永镇"石牌坊一座，石坊各开间内置石碑，刻有《修建星宿桥碑记》和名人题联石刻等。建桥时立坊又立碑之举，除了标识桥梁之用外，还有记录建桥的相关事宜的作用。有的桥牌坊与桥亭合二为一，即把桥亭的出入口两端做成牌坊式样，如湖南江永县的培元桥和朝天桥，桥亭的两端用砖石砌筑二柱一间三楼的牌坊，开设矩形或圆形门洞。

图6-25
老北京大高玄殿前的牌楼

图6-26
安徽休宁县登封桥石牌坊

图6-27
湖南江永县的培元桥

图6-28
湖南江永县的朝天桥

6.3　牌坊在风景园林中的应用

　　牌坊，在中国古代风景园林之中，集人文景观和自然景观于一身；其位置经营多种多样，有的位于园林建筑的入口起始处，有的位于园景胜迹的沿途路段上，有的位于水陆交界的驳岸边，有的位于桥梁两端……它们是点缀、装饰、标识、界定园景空间的建筑小品。

"会当凌绝顶，一览众山小。"③

泰山是中国五岳神山之首，为帝王祭天登封的地方，自古以来就受到封建统治者最高的礼遇。泰山上的古建筑散布在从泰安城的南门（岱庙南门）到泰山极顶这条轴线上，坊、门、宫、殿、楼、阁、庙各式建筑应有尽有。笔直的通天街是登泰山的引子，其尽头是岱庙。岱庙是古代帝王登封泰山祭祀居住的地方，岱庙正阳门立"岱庙坊"。登天梯的第一步，设在"一天门"坊处。

图6-29
泰山"岱庙坊"

1. 元君殿
2. 合云亭
3. 且止亭
4. 飞云阁
5. 弥勒院
6. 道院

0   10 米

图6-30
泰山红门宫建筑群

图6-31
红门宫前牌坊群

"一天门"坊后，即是在泰山起伏的山地之上建造的红门宫建筑群，其中轴线主体建筑飞云阁前有三级高差平台，"一天门"坊位于第一级平台上，二级平台空缺无物，第三级平台上"孔子登临处"、"天阶"二坊前后并置。红门宫建筑群没有严格的围墙封隔，建筑物依山势经营建造，自然山石花木点缀其间。泰山登天朝圣，就在参天古树环抱掩映下的"一"字排开的牌坊序列中进行。帝王祭祀活动始于"岱庙坊"，册封登天始于"一天门"坊，牌坊始终是空间的先导。

图6-32
"知鱼桥"石坊

泰山沿途山道上，牌坊林立，"回马岭"坊、"中天门"坊、"孔子庙"坊、"望吴圣迹"坊、"升仙"坊、"五大夫松"坊、"龙门"坊等。

著名的清代皇家园林颐和园，园中立有"云辉玉宇"、"慧因"、"蔚翠"、"云岩"木牌楼，"知鱼桥"、"画中游"、"五方阁"石牌坊，"众香界"琉璃牌坊等众多不同类型的牌坊。万寿山建筑群体中轴线上的南面、北面和山巅都立

图6-33
颐和园万寿山主体建筑群中轴线剖面图

图6-34
颐和园万寿山主体建筑群

图6-35
颐和园"云辉玉宇"木牌楼

有牌坊，整个山体上还散布有许多点景的小牌坊。

　　"云辉玉宇"木牌楼，四柱三间七楼式，位于昆明湖与万寿山相接的驳岸边，它既是颐和园主体建筑群排云殿、佛香阁的入口标志，也是湖水与陆地分隔的界标。

　　"慧因"木牌楼，位于颐和园万寿山后山的山体中部，上连藏传佛寺须弥灵境庙，下接苏州街，是山体间两个不同性质、用途的区域的界定标志。"众香界"琉璃牌坊位于佛香阁后面的万寿山山巅之上，下观佛香阁，后连"智慧海"无梁殿，是山下与山顶的分界标志，也是阁与殿建筑类型的过渡，更是朝圣香客入世与出世的心灵临界点。

　　"画中游"建筑群，依山而建在颐和园万寿山西面，其中间为一座八角两层楼阁，东、西置两亭两楼，西楼名曰"爱山"，东楼名曰"借秋"，两楼间以爬山廊连通。八角楼阁后的山顶上有一座三间小殿，两侧有廊向下通"爱山"、"借秋"两楼。山林环抱，登阁远眺，游廊漫步，仿佛置身于画中。在中间八角楼阁与阁后山顶小殿之间的山坡上，点缀有一座石牌坊，坊柱上刻对

图6-36
颐和园"慧因"牌楼

图6-37
颐和园"蔚翠"、"云岩"桥牌楼

联一副,曰:"闲云归岫连峰暗,飞瀑垂空漱石凉。"联语形象生动地描绘出了一幅夕阳西下山岗时的清凉幽静的图景。句中的"岫"即指山峦。联语由流云而引出山峰,由飞瀑而引出岩石。全联用字精妙,"闲"、"归"、"飞"、"垂"四字,使白云与瀑布充满动感和情趣。漫步"画中游",驻步坊前,品酌联语,人文气质与山水景致相交融,意味无穷。

"蔚翠"、"云岩"二木牌楼,为四柱三间三楼冲天柱式,位于颐和园昆明湖荇桥两端。荇桥上建有重檐方亭一座。牌坊和方亭都为灰瓦覆顶,与园内其他金碧辉煌的建筑相对映。坊、桥、亭、坊有机地融入到自然园林之中。

北京三海紧邻宫城,是帝王游息、居住、处理朝政的重要园林场所。三海之中面积最大、景致最多的要数北海。北海之中牌坊众多,"堆云"、"积翠"、"龙光"、"金鳌"、"仁寿普缘"、"证功德水"、"震旦香林"、"法轮高胜"、"华藏界"、陟山桥牌楼、智珠殿四周四座小牌楼等二十余座。"龙光"牌楼,位于琼华岛普安殿前的半山腰上,这座四柱三间三楼的木牌楼的立柱较短,有违工程法式,其原因在于:如果按正常比例,由山下往上观望,北塔与牌楼不够协调统一,坊太大而塔太小,比例失调。

皇家园林中多建有牌坊,可是江南私家园林中却较难觅到牌坊的踪影。

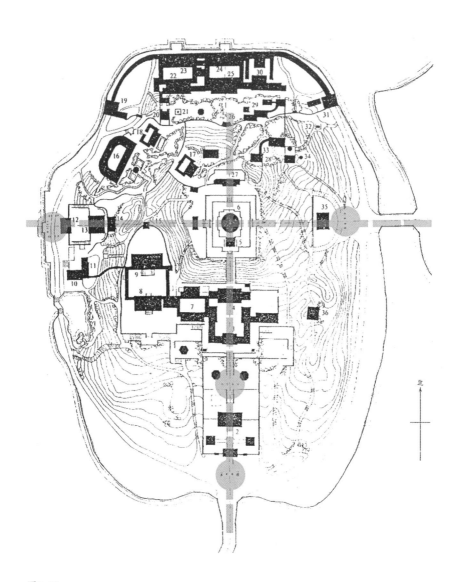

北

图6-38
北海琼岛总平面图

图6-39
北海"堆云"、"积翠"二桥牌楼

图6-40
北海"龙光"牌楼

图6-41
昆明西山"凌霄宝阁"石坊

图6-42
昆明西山"龙门"坊

究其原因，可能有三：其一，牌坊的规模、造型和气势与私家园林的性格气质不相匹配；其二，私家园林的建造者，多为隐士贤达、文人墨客，不求功名厚禄，但求朴素幽雅和悠闲宁静的生活，牌坊的褒奖旌表之功用无用武之地；其三，追求世间万物，达到"天人合一"是园主人的心愿，牌坊是门的

衍生物，与其建造牌坊，不如建造各式的门洞或者素雅的门楼，来得更自然
和洒脱。

除了泰山、颐和园、北海等牌坊大量集中的风景胜迹外，有的风景胜迹
中虽然只有一两座牌坊点缀其间，但都具画龙点睛之妙。云南西山风景区，比
邻滇池，其道教建筑群"三清阁"下的一千多级台阶沿途立有罗汉崖石坊、"凌
霄宝阁"石坊、"普陀胜境"石坊、"龙门"坊等，其中"龙门"坊位于山间登
道最窄处，此处虽甚窄，却仍建一门坊，题曰"龙门"。"龙门"坊为三柱二
间二楼，歇山顶，呈不对称形，其实际应为四柱三间三楼式，但是由于山道紧
凑狭窄，故而减去一开间，此乃中国牌坊中因地制宜而建造的孤例。此处是感
山之气势、观池之波澜的佳境。

注释：

① 孝陵形制为朱元璋所创，开辟了明清陵寝制度。其布局分两段：前段为引导部分，包括
大金门、神功圣德碑、石象生、擎天柱、武臣四躯、文臣四躯、棂星门。孝陵神道迂回
绕曲，长达1800多米。棂星门后东折至金水桥，由此起南北轴线正对山体主峰，布置大红
门、祾恩门、祾恩殿、方城明楼、宝城。

② 其余7座分别位于：南关云峰关外1座、北关油房街1座、北关二中校园1座、县响石镇2
座、石燕桥镇1座、渔箭镇1座。

③《杜甫全集·望岳》

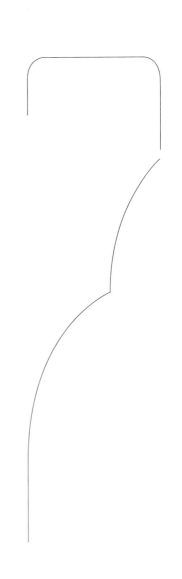

第七讲

牌坊的装饰艺术

中国的艺术具有"混生"特征，李希凡《图说中国艺术史丛书》总序中讲道：

> 中国艺术从"混生"期到分门类发展自有其民族特征。中国古代诗歌的第一部伟大经典《诗经》，墨子就说它是"诵诗三百，弦诗三百，歌诗三百，舞诗三百"。《礼记》还从创作主体概括了这"混生艺术"的特征："金石丝竹，乐之器也。诗，言其志也；歌，咏其声也；舞，动其容也。三者本于心，然后乐器从之。"如果说这是文学与乐舞的"混生"，那么，在艺术史上这种"混生"延续的时间很长，直到唐、宋、元三代的诗、词、曲，文学与音乐还是浑然一体，始终存在着"以乐从诗"、"采诗入乐"、"倚声填词"的综合的审美形态。至于其他活跃在民间的艺术各门类，"混生"一体的时间就更长了。从秦汉到唐宋，漫长的一千多年间，一直保存着所谓君民同乐、万人空巷的"百戏"大会演。而且在它们相互交流、相互借鉴、吸收融合、不断实践与积累中，还孕育创造了戏曲这一新的综合艺术形态。它把已经独立发展了的各门类艺术，如音乐、舞蹈、杂技、绘画、雕塑（也包括文学），都融合为戏曲艺术的组成部分，按照戏曲规律进行艺术创作，减弱了它们独立存在的价值。这是富有独创的民族艺术特征的综合美的创造。同样的，中国绘画传统也具有这种民族特征。苏轼虽然说过："诗不能尽，溢而为书，变而为画。"但在他倡导的"士夫画"（即文人画）的创作中，这诗书画的"同境"，终于又孕育和演进为融合着印章、交叉着题跋的新的综合美的意境创造。

由此序①可见，"混生艺术"的特征，即是一个"融"字。

建筑艺术是艺术世界大类中的一种，与音乐、绘画并驾齐驱。牌坊更是中国传统建筑艺术中的"混生艺术"之精品。牌坊的"混生艺术"特征表现在物质和精神两个方面：即在物质上"融"——结构、雕刻、绘画、书法、文辞、匾额、对联、篆刻等多种艺术门类于一身；在精神上"融"——传统社会生活理念、封建宗法礼教、封建道德观念、古代民俗民风等封建社会精神文化于一体。

英国学者罗杰·斯克鲁顿（Roger Scruton）在其《建筑美学》中讲道："人们所看到的东西不只是一个有趣的空间，而且，也是各个面相互联系的和谐组合。这种和谐之所以能观察得到，主要是由于制作精美的细部吸引我们注意。"②

本章着重介绍牌坊在物质形态上的"混生艺术"，即雕刻、彩绘、文辞等相关部分的装饰艺术。

7.1　牌坊的雕刻艺术

中国的雕塑历史源远流长，雕塑应用到建筑上作装饰之用早在原始社会就开始了。雕刻，包括石雕、木雕、砖雕、琉璃雕和泥塑。在牌坊的雕刻艺术中，几乎用到了所有的雕刻类型。

木牌坊之雕刻自然以木雕为主，主要位于龙凤板、花板、雀替等部位；木牌坊上的石雕主要集中在夹杆石上；木牌坊屋顶的坐兽、吻兽、瓦当，在官式建筑中常采用琉璃雕，在民间建筑中多采用泥塑和砖雕。琉璃牌坊除红色粉刷墙体和汉白玉石雕刻的券门外，其余构件均用琉璃砖雕拼砌而成。

然最能体现牌坊雕刻艺术的，即是石牌坊。由于石牌坊多为单色石料砌筑，又很少着色，所以雕刻装饰尤为重要。每一座石牌坊上，无论是檐楼、额枋、立柱、抱鼓石，还是斗栱、花板、雀替、榫头，都精雕细刻，虽历经百年

图7-1
北京碧云寺石牌坊小额枋上的高浮雕"二龙戏珠"图

图7-2
安徽歙县许国牌坊的枋心和雀替上的花鸟动物纹雕刻

风霜，也不减风韵。宋《营造法式》中记有"剔地起突"、"压地隐起"、"减地平钑"、"素平"四种雕刻技法，此四法在石牌坊中均有广泛应用。

所谓"剔地起突"，又称"剔空雕"，即现代的"突雕"或"高浮雕"。此法石雕，雕件表面凸起较高、层次较多、起伏较大、立体感很强，如北京明十三陵的夹杆石石壁上雕刻的"二龙戏珠"和"双狮绣球"石雕、

图7-3
四川自贡大安县张氏节孝坊上所有的"对联"四周都平雕有回字纹和席纹图案

北京碧云寺石牌坊小额枋上的高浮雕"二龙戏珠"图。

所谓"压地隐起"，即现代的"浅浮雕"。其主要特点是：凹下去的"地"大体在一个平面上，凸起高出石面不多，起伏的高度一般在1～2厘米之间。装饰面无论是平面还是弧面，雕刻各部位的高点几乎都位于同一表面上；如雕刻

面有边框，则雕刻各部位的高点一般不超过框边平面的高度。此法雕刻的物件具有一定的深度感。这种雕刻技法在牌坊中应用较多，如安徽歙县许国牌坊的枋心和雀替上的花鸟动物纹雕刻、北京明十三陵石柱上部和额枋上浅浮雕刻的旋子彩画图案石雕。

所谓"减地平钑"，相当于现代的"平浮雕"。"减地"即是将雕刻花纹以外的"地"凿去薄薄一层，"平钑"，即铲平的意思。此技法主要特点是：凸起的图案和凹下去的"地"都是平的，故又被称为"平雕"；又由于凸出的雕刻图案在"地"上形成的阴影整齐而又有规律，从而使雕刻图案的轮廓清晰，宛如剪影一般，故又被称为"剪影式凸雕"。这类雕刻在石牌坊上均多见，常作回字纹、席纹、曲折纹、米字纹等几何图饰，或作绶带状、团花状、缠枝花状图案，主要用于柱枋交接处，或主题花纹的边饰边框。如四川自贡大安县张氏节孝坊上所有的"对联"四周都平雕有回字纹和席纹图案，安徽歙县许国石坊抱鼓石基座布满平雕的回字纹、团花纹图案。

所谓"素平"，即现在所称的"阴线刻"。其特点是：线形流畅圆润，刀法细腻，写实写意两相宜，常用于石质较好的汉白玉、花岗石所建的石坊。此法雕刻的图案花纹主要位于主题图案以外的空"地"上，起次要或衬托主题的作用，增加雕刻图案的层次感。如安徽歙县唐模村"同胞翰林"石坊的额枋上采用阴线刻技法雕刻有写意花纹。较之高浮雕或浅浮雕，此法雕刻的纹样图案简单而粗糙。

除《营造法式》中记载的四种技法外，"圆雕"和"透雕"也在牌坊中有大量应用。

"圆雕"，亦称"整雕"或"实体雕"，即是将雕件通体雕刻出来，完全立体造型，不依附于任何背景，可以四面观赏，如石牌坊立柱柱根上的石狮子、柱顶上的立兽，四川富顺文庙三座棂星门坊的云海盘龙柱头，安徽歙县许国石坊的抱鼓石上雕刻的蹲狮以及四川自贡大安县张氏节孝坊的抱鼓石和屋脊吻兽，就属此类雕刻技法。

"透雕"，也称"镂空雕"、"玲珑雕"，是一种介于圆雕和浮雕之间的技法，其特点是在浮雕的基础上，镂空雕刻图案的背景部分，此法常用于牌坊的

图7-4
自贡大安倪氏节孝坊抱鼓石

图7-5
安徽歙县许国石坊的圆雕
抱鼓石

图7-6
安徽歙县许国石坊的圆雕
抱鼓石

图7-7
安徽棠樾"乐善好施"坊透雕垫板

图7-8
安徽黟县"胶州刺史"
坊额枋垫板的十字花
纹透雕

图7-9
福建龙游东门石牌坊额枋
间垫板

额枋、花板、雀替、垫板，如安
徽黟县西递村"胶州刺史"坊次
间额枋间的垫板，福建龙游东门
石牌坊额枋间垫板。

一座牌坊不单纯只用一种
雕刻技法，往往是多种技法相辅
相成，综合应用。如安徽歙县许
国"大学士"坊，其12座抱鼓石
上用圆雕、透雕二法雕刻有12只

图7-10
安徽绩溪县"奕世宫保"尚书坊，亦为一座
雕饰精美的花岗石巨构牌坊，融多种雕刻技
法于一身

活灵活现的蹲狮和蹬狮；石狮的基座布满用平浮雕技法雕刻的回字纹、团花纹
图案；牌坊的明间、次间额枋的枋心为以浅浮雕技法所刻的"巨龙腾飞"、"鱼
跃龙门"、"凤穿牡丹"、"麟戏彩球"等鸟兽花卉图案；牌坊的额枋两端、立
柱上端和雀替部位，则是采用平浮雕技法雕刻的花卉图案；牌坊各开间屋顶的
檐板均采用透雕技法雕刻花纹图案。整个许国"大学士"坊的雕刻精美绝伦，
美不胜收。安徽绩溪县"奕世宫保"尚书坊，亦为一座雕饰精美的花岗石巨构
牌坊，融多种雕刻技法于一身。

小结：中国古代的石料建筑也为数众多，有石窟（寺）、石碑、陵墓、牌
坊、桥梁等。石料建筑在两汉，尤其是东汉时期得到了迅猛的发展，如石墓、
石阙、石辟邪、石表、石碑；到南北朝时，因受外来文化——主要是佛教文化
的影响，雕刻技术获得了很大发展，如佛塔、石窟；唐宋时期石建筑技术已经
相当纯熟，如佛塔、桥梁、石窟，并形成了具有中华民族风格的石雕艺术；明
清时期，尤其是清代，石构工程已经相当规模化、固定化、程式化了。但是，
在中国，石材建筑始终没能取代木构建筑这一主流。纵观历史，石构建筑和石
雕工艺发展至唐宋时期达到鼎盛，尔后则开始走向衰落。然而，唯有石牌坊，
传承唐宋石雕艺术，发展繁荣，经久不衰。

中国多木建筑而少石建筑，究其原因，刘敦桢先生在《中国古代建筑史》中谈到了如结构分工明确、适宜各种自然条件、减少地震灾害威胁、取材方便等原因③，而李允鉌先生在其《华夏意匠》中对这些原因进行了否定和论证，并提出了以宗教神权为由的解释。"中国的历史与西方的历史有一个显著不同的地方就是中国任何时候都没有发生过神权凌驾于一切的时代。""事实上只有宗教的力量才可以驱使人们去完成那些精巧的石头的艺术巨构。"④这是因为"建筑对于精神来说，是一种无声的语言，单凭它们本身就足以启发人思考和唤起普遍的观念"，"建筑的最大目的是，通过一种精神气质的表达，把一个或几个民族统一在一起，在精神围绕着某个建筑物，也包含在身体上，成为能使他们团聚在一起的空间点"。⑤

至此我们或许可以回到牌坊，尤其是石料建造的牌坊的功能意义上来，在这里可简单归结几点。其一，所建造的牌坊是一种维护封建统治和宗法伦理的精神文化的物化产物，此乃根本，这一点在中国历朝历代都是坚持不移的。其二，石料建筑，往往带有一定的宗教信仰色彩。洛阳龙门石窟历经北魏、北齐、北周、隋、唐、五代、北宋近千年的陆续经营，而得今日之风貌；意大利圣彼得大教堂经百余年，由罗马最优秀的建筑师设计和施工。看来这样的信仰动力在中国和西方是共通的。在西方，这一信仰是"宗教"，在中国，信仰除了"宗教"外，还有"宗法伦理"，就是这信仰使人们有了持之以恒地建造自己精神家园的精神动力。虽然"中国文化的重要特点是宗教精神淡薄，重今世，讲实用"⑥，但梁漱溟说过："中国人却是世界上惟一淡于宗教，远于宗教，可以称为'非宗教的民族'。"⑦或许这一点评论在中国古代石料建筑中可以找到反例。其三，石料在艺术造型上不逊色于木料，再加上自身的物理特性，决定了石构建筑的永恒意义较木构建筑强烈。因为木构建筑容易被毁灭，尤其是宫殿建筑，是当朝统治的象征，新旧朝代更替时，新朝往往会摧毁、改建或扩建旧朝宫殿，甚至迁址或迁都新建宫殿，这样的摧、改、扩、迁、建，是用时短而快的，只有木料有这样的优点。再看看石料建筑，建筑时间有的长达数百年，这是木料建筑无法比拟的。其四，我国古代关于木构建筑的等级规范和制度详细、森严，然而对石料建筑的规范则相对较少，因而石构建筑有较大的自由发展和创作的空间。其五，石构建筑在中国，除少量佛塔、石窟外，多为小型建筑物，且多散布于民间，这为石牌坊、石构小品建筑广泛地流传开来埋下了伏笔。

中国石构建筑虽然有石窟、佛塔可以与西方教堂媲美，有牌坊可以与凯旋门媲美，有石狮和辟邪雕像可以与西方人物造像媲美，但全观中国石构建筑，较之西方还尚欠发达，因为西方的石构建筑已经具有"独特性"、"稳定性"和"一贯性"⑧而成为一种旷日持久的成熟创作。

虽如此，但是中西方在建造石构建筑上也有一个共性——"信仰"使建造东西有了持之以恒的精神动力。

7.2　牌坊的彩绘艺术

彩绘是中国古代木构建筑的一大特色。早在原始社会时期的祭祀神庙中就已经采用彩画来装饰墙面了；战国时代，木构建筑的梁架上已有彩画作装饰；汉代彩画常用的题材有云气、仙灵、植物、动物等；六朝时期多用莲瓣；唐宋以后，几何图案和植物花纹渐渐增多，色调也由汉时的红色向青绿色转变，并使用大量的退晕效果。在一些高级的彩绘中，除了用退晕外，还大量采用沥粉贴金，突出彩绘的线条轮廓，使图案具有立体感。木牌楼的彩绘位置主要集中在梁架、额枋、柱头、斗栱等处。

木牌坊的油漆彩绘，与木构建筑一样，不仅能有效地防腐防虫，对木构件起到良好的保护作用，而且还具有强烈的装饰效果，"兼收实用与美观上的长处"⑨，使牌楼呈现出金碧辉煌、光彩夺目的效果。木牌坊的彩绘技法，源自传统木构官式建筑的技法和规制。

　　木牌坊的彩绘可分为民间彩绘和官式彩绘两种。民间木牌楼，尤其在南方，其彩绘技法、色彩、内容都较自由活泼，无一严格定式，有的简洁朴实，有的精致华贵。官式木牌楼，它本身即是皇家宫苑建筑的一部分，彩绘用和玺彩画或旋子彩画，其技法也基本上依循木构官式殿堂的彩绘技法，主要有两种：一是叠晕，即同一色彩依次排比退晕出多种色带；二是间色，即在同一构件上交替使用几种冷暖、深浅不同的颜色。正是基于这样的设色技法和色彩搭配，经过打底、打谱、沥粉、画晕、贴金、勾线六个施工步骤后，使官式木牌楼呈现出缤纷绚丽、雍容华贵的风采。

　　北京雍和宫的"慈隆宝叶"木牌楼是官式牌楼彩绘的实例典范，采用"大点金龙锦枋心彩画"形式。该牌楼漆红色柱身，额枋施青绿色，再用金色、金黄色、白色、雪青色等色描绘枋心的云龙和其他部位的花饰图案，枋心明间上锦下龙，次间上龙下锦。牌楼采用金色琉璃瓦覆顶，檐下阴影掩映部分施以青绿色彩绘，使檐下凸显森严冷峻。牌楼的挑头、撑栱等处，描绘有金线花边。整个建筑立面层次分明，富丽堂皇。

图7-11
北京雍和宫"十地圆通"木牌楼彩绘

图7-12
木牌楼彩绘局部

民间木牌坊，如山西解州关帝庙"大义参天"木牌楼、山东邹城孟庙"棂星门"木牌楼、云南建水文庙的"太和元气"坊、四川自贡西秦会馆的武圣宫牌楼门。这些民间木牌楼，虽然油漆彩绘各不相同，无一定式，但大都也匠心独具，装饰华丽。

7.3 牌坊的装饰内容

牌坊的雕刻彩绘内容丰富多彩：人物故事、神话传说、历史事件、花卉植物、鸟兽动物、自然山水、房屋建筑、器皿博物等，琳琅满目，应有尽有，且雕饰精美。牌坊是社会民风民俗文化的载体，雕刻彩绘的内容就是最大的体现。人们通过那些具有象征性和隐喻性的图案纹饰既反映牌坊主人的身份、地位和荣誉，又表达人们的祝福和心愿。四川隆昌县的郭氏"乐善好施"坊上刻出了所有出资兴建此坊的人士姓名和出资数目，可见牌坊不仅仅是主人及其家族的荣誉，也是乡村社区的骄傲，所以即使在偏远贫瘠的乡野山村，牌坊也都是雕饰内容丰富，制作精美的。正如英国学者罗杰·斯克鲁顿所说："建立一座建筑及其风格的主要原因并不在于它的社会和经济基础，而是取决于人们对其文化产品的鉴赏。"[10]

含蓄隐晦地应用象征性的符号表达心中的凤愿是中国古人特有的一种叙事和审美方式，美国学者费迪南德·莱森（Ferdinand Lessing）曾说："中国人的象征语言，以一种语言的第二种形式，贯穿于中国人的信息交流之中；由于第二层的交流，所以它比一般语言有更深入的效果，表达意义的细微差别，以及隐含的东西更加丰富。"因此，牌坊的雕刻彩绘内容大都采用诸如龙凤、狮子、蝙蝠、麒麟、鹤、鹿、龟、鱼、喜鹊、莲花、牡丹、芙蓉、松、竹、梅、兰、如意、净瓶、喜字纹、万字纹、寿字纹、绶带、卷草等象征性的符号图案。

龙凤象征吉祥和美好；狮子象征力量和权威；麒麟象征吉祥和杰出；牡丹象征富贵和荣誉；松竹梅兰象征长寿、健康、坚贞、仁贤。还有一些被使用的吉祥事物，它们利用谐音与中国传统的祝福愿望的言辞相通，比如福（蝙蝠）、禄（鹿）、寿（龟、鹤、松、石）、喜（喜鹊）、平（瓶）安、月（喜悦）、"连（莲）年有余（鱼）"、"金玉（鱼）满堂"等。

在具体的雕刻彩绘中，那些吉祥事物往往被组合在一起，构成一幅幅表现力和象征性更强烈的图案。如牡丹与芙蓉组合在一起，寓意"荣华富贵"；牡丹与海棠组合在一起，寓意"光耀门庭"；牡丹与桃花组合在一起，寓意"富贵长寿"；牡丹与蝴蝶组合在一起，象征"富贵无敌"；凤凰与麒麟组合在一起，象征"盛世太平"；春燕与桃花组合，象征长春比翼；仙鹤和"万"字纹不断头与祥云组合，象征福寿万年；五只蝙蝠组合在一起，象征长寿、富裕、健康、平安和子孙满堂……

除了花纹图案以外，人物故事也是被广泛应用的装饰内容。比如"穆桂英挂帅"、"桃园结义"、"八仙过海"、"封神演义"等都是常用的故事题材，以此来宣扬道德、伦理、宗法观念和地方民风民俗。

7.4　牌坊的砖砌艺术

牌坊的砖砌艺术主要表现在砖牌坊、琉璃牌坊和牌楼（坊）门上。

如江西婺源豸峰村成义堂牌楼门、安徽亳州城关花戏楼大门、湖南洞口县杨氏宗祠正门牌楼，这些南方地区常见的牌楼门，实质是用已经雕刻或彩绘好的青砖在墙体上"影砌"出一个清晰的牌坊的形象。工匠们砌艺精湛，砖砖相接，难觅其缝，通过叠涩砌法和雕琢技术，不但勾画出了

图7-13
江西婺源豸峰村成义堂牌楼门砖雕立面图

清晰的牌坊轮廓，就连檐楼、瓦当、斗栱、
花板、箍头、雀替、垂柱等细小构件也都具
体形象地雕砌出来了。

　　北京、山西两地的琉璃牌坊，其实质
是在砖牌坊的基础上，用琉璃面砖贴嵌出立
柱、高栱柱、折柱、额枋、花板、雀替等构
件。比如北京国子监琉璃牌坊，额枋上琉璃
砖拼贴的图案花纹，展现的就是一幅精美的
"旋子彩绘"图画，彩画的枋心、楞心、花

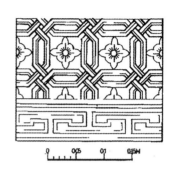

图7-14
成义堂局部砖雕大样

心、岔口、菱花、旋子、皮条线等一应俱全，精湛绝伦。黄、绿二色的琉璃面
砖，与红色墙面和白色券门形成鲜明的对比，使原本厚重沉稳的牌楼显得十分
富丽堂皇。

图7-15
江西婺源豸峰村成义堂牌楼门

图7-16
安徽亳州城关花戏楼大门

图7-17
成义堂牌楼门砖雕细部

图7-18
北京琉璃牌坊花板琉璃砖雕

7.5 牌坊的文辞艺术

文辞是牌坊所宣扬的主题。一座牌坊可以不雕刻彩绘任何花纹图案，但是不可以没有题刻文辞，最少也要刻书一个坊名，说明主题，否则这座牌坊就没有特定的建造对象和建造原因，进而也就失去了建造牌坊的意义和价值。1905年建造的徽州最后一座牌坊——"孝贞节烈坊"，也许是因为到了封建社会末期，这最后一座牌坊已经建造得相当简陋寒酸了，然而其坊额上刻书的文字却还是让人触目惊心："徽州府属孝贞节烈六万五千零柒拾捌名。"

牌坊上题刻的文辞有"题"、"注"、"联"三种。

"题"，是镌刻在牌坊明间或次间的上下额枋间的大字牌匾。一般牌坊正面明间牌匾上刻的文字即作为牌坊的名称，如"乐善好施"坊、"孔子登临处"坊、"堆云"坊、"积翠"坊等。

有的牌坊正背两面的明间、次间牌匾题字各不相同，如四川自贡大安县的张氏贞节牌坊，正面明间书"帝鉴坤贞"，次间左右各书"冰清"、"玉洁"，背面明间书"彤管流芳"，次间左右书"蕙质"、"兰心"；有的牌坊正背两面明间牌匾题字不同，次间却相同，如四川自贡大安县的王氏贞节牌坊，正面明间书"志矢青年"，背面明间书"贞完白首"，正面两次间均书"贞节"、"兰芳"；有的牌坊只有明间题字，而次间不题字，如贵州遵义龙坑场的"乐善好施"坊；有的牌坊正背两面明间题字相同，正背两面次间却没有文字，如山东曲阜孔林的"万古长春"坊、孔庙的"太和元气"坊，安徽歙县棠樾的"乐善好施"坊……牌坊明、次间题字形式多样，虽如此，但明间题字一般是必不可少的。

图7-19
自贡大安张氏牌坊的题、注、联

图7-20
自贡大安张氏牌坊的联

图7-21
安徽歙县许国牌坊的题、注、联

有的牌坊，明间题字不在额枋之间，而是刻在最上层大额枋上，四川隆昌县的"节孝总坊"四字就是题刻在正背两面明间的大额枋上，而正背两面明间、次间的额枋间则洋洋洒洒地把所旌表的188名节孝妇女的名字一一列出。

木牌坊的"题"，一般只位于明间高栱柱之间的匾额内，如北京颐和园排云门"星拱瑶枢"木牌楼，苏州街入口处的"慧因"牌楼，山西解州关帝祖庙的"大义参天"、"气肃千秋"二牌楼。木牌坊中，等级较高的"题"刻在汉白玉牌匾上，如北京雍和宫的"十地圆通"牌楼，"十地圆通"四个金色大字以平浮雕刻贴在汉白玉牌匾上。有的木牌坊题字牌匾，如福建闽侯林浦进士牌坊的"进士"二字匾，就直接悬挂在屋檐下，同一般建筑的牌匾安置悬挂的方式相同。

琉璃牌坊的"题"，均为浮雕贴金大字，只位于明间高栱柱之间的汉白玉匾额内，如北京香山昭庙"法源演庆"琉璃牌楼、颐和园万寿山"众香界"琉璃牌楼。

"注"，即是在牌坊上题刻牌坊建造的相关事宜的说明，一般镌刻在"题"字下面的花板或垫板上，如安徽歙县棠樾的"乐善好施"坊，"乐善好施"字牌下的字板"注"曰："旌表诰授通奉大夫议叙盐运使鲍漱芳同子即用员外郎鲍均"，两侧次间"注"有立坊人的名字和建造的日期，此为典型的"注"形式。有的"注"镌刻在额枋上，如安徽歙县的许国"大学士"坊，还有的"注"就直接镌刻在"题"字的旁边，如安徽绩溪县冯村的"进士第"坊。

木牌坊和琉璃牌坊一般只有"题"，而没有"注"，因为木牌坊次间装饰龙凤板，额枋装饰彩绘图案，额枋间镶嵌折柱和花板，可以说是没有预留题"注"的地方；再有，现存的众多木牌坊和琉璃牌坊多起装饰标识作用，因而解释牌坊建造的相关事宜就不重要了。

"联"，是题刻在牌坊立柱上的对联文字。河南开封山陕会馆三座石牌坊的中坊，其四柱南北两面各雕两副对联，南侧内联曰："护国佑民万代群黎蒙福祉，集义配道千秋浩气满寰宇"，外联曰："西方圣人酉是东山名世，后日棣萼何如前代桃园"。

木构建筑多在立柱上挂牌匾楹联，而木牌坊的立柱上一般都不题书对联，其原因何在，暂无据可考。

从牌坊的"题"、"注"、"联"文字镌刻中，可感观中国书法艺术的博大和精深，楷书、行书、草书、隶书、魏碑蔚为大观，字体之精妙无与伦比，若出自名家之手，则更是锦上添花。安徽歙县的许国石坊，用"阁体臂窠书体"镌刻有"大学士"、"少保兼太子太保礼部尚书武英殿大学士许国"、"上台元老"、"先学后臣"等洋洋洒洒的诸多文字，这些字均出自明代著名书画家董

其昌之手，清人吴梅颠竹枝词云："八脚牌楼学士坊，题额字爱董其昌。"四川
隆昌县旌表郭玉峦的"乐善好施"功德坊，其"乐善好施"四个字为清代书法
家范云鹏所书。

　　并不是所有的石牌坊，都像浙江湖州南浔小莲庄"钦旌节孝"、"乐善好
施"二牌坊那样"题"、"注"、"联"三者一应俱全。河南开封山陕会馆内的
三座石牌坊，均只有"题"、"联"而没有"注"，如石牌坊中的东坊（南面），
题曰："威灵显赫"，左联曰："仰龙德而瞻凤姿乃神乃圣"，右联曰："本麟经
以树骏烈允武允文"。安徽歙县的许国"大学士"坊，有"题"有"注"但无
"联"，题曰："大学士"、"先学后臣"、"上台元老"，注曰："少保兼太子太保
礼部尚书武英殿大学士许国"。像山东孔庙的"太和元气"坊这样的文庙棂星
门牌坊，往往就只有"题"而没有"注"和"联"。

　　附：四川隆昌县牌坊群之部分楹联

　　　　郭玉峦功德坊，有楹联四副，其中范运鹏所撰联，曰：

　　　　　　师父正义田一千亩，负郭上腴，不靳捐租培族党；

　　　　　　溯亲仁华胄二百载，传家金穴，更留余庆与儿孙。

　　　　觉罗国欢德政坊，有联二副，曰：

　　　　　　为物惜脂膏，二百年积困方苏，有因有革；

　　　　　　吁天祈福寿，千万姓同声共祷，无偏无私。

　　　　　　分俸注胶庠，文武欢颜，桂苑芹园蒙雨露；

　　　　　　按粮免升斗，捐输普德，瓦檐茅屋被恩施。

　　　　牛树梅德政坊，有楹联六副，曰：

　　　　　　读十年书，从政能兼果达艺；

　　　　　　作万家佛，居安不愧清慎勤。

　　　　　　清廉不必鱼生釜；

仁爱尤欣凤集庭。

敦俗劝农桑，衣衣我兮食食我；

育才隆学校，风风人而雨雨人。

翰款免零星，鹅洞苍生沾子惠；

枭平逾数月，隆桥黎庶鲜庚呼。

槐幄风清牛刀小试；

莲峰浑溥骥足终登。

室尽鸣弦口碑共表三岑异；

案无留牍心境偏愈一叶清。

李吉寿德政坊，其联曰：

联伍两卒旅以卫民周官法令；

合父母神明而颂称汉代循良。

戟阁秋清百里自无风鹤警；

琴堂春静万家齐备管防宁。

舒氏百寿坊，有联曰：

百岁乐鹣居人跻上寿；

六朝绵鹤算帝赐期颐。

多德多寿多男子；

曰耋曰耄曰期颐。

隆昌县内节孝坊较多。郭陈氏节孝坊、节孝总坊2座。其楹联宣
传贞节、称颂圣恩。摘录部分如下：

贞以松筠日月共照；

勤之金石天人同光。

行高冰洁操与霜整；

明景内映朗节外新。

古井波怡瑶池冰洁；

隆桥霜肃华碣风清。

图画礼宗表彰懿德；

秭式义行法扬贞风。

节励青年母止于慈妇止于孝；

恩荣白首天宠以寿帝宠以名。

五十年柏劲松贞历尽风霜雨露；

九重恩龙章凤诰盼如日月星辰。

心苦老弥坚百世功存褓褓；

德贞年必永八旬宠锡丝饱。

嗣先代徽音片铁洪炉徵素志；

隆圣朝宠命紫泥丹诏荷殊恩。

7.6 牌坊的细部装修

1. 斗栱

最早的形象见于周代铜器上，是我国传统木结构建筑中的一种支承构件，位于柱顶、额枋和屋檐之间，主要由方形的斗、升和矩形的栱、斜的昂组成，并逐层向外挑出形成上大下小的托座，是建筑屋顶与屋身之间立面上的过渡。它既有传力承重的作用，又有装饰的功能，而且还是封建社会中森严的等级制度的象征和建筑重要性的衡量尺度。牌坊上的斗栱多姿多彩，如云头斗栱、象首斗栱、如意斗栱，出跳踩数有一踩或几踩，有的甚至达到九踩。石牌坊上的斗栱也是异彩纷呈，有石刻的抽象简化了的木斗栱形象、有完全根据石料结构和其物理性状雕刻的斗栱、有完全依照木斗栱雕刻的石斗栱、有独自创新的斗栱形式（如云头斗栱、花冠斗栱）。

图7-22
北京民族博物馆牌坊的万象斗栱

图7-23
北京"鬼子六"石坊的云头斗栱

图7-24
北海陡山桥牌楼如意斗栱

2. 宝顶

官式牌坊和琉璃牌坊一般不设宝顶。在其他牌坊中，宝顶有两类：一是牌坊的明间屋顶正脊上的宝顶；二是牌坊，尤其是棂星门和石牌坊的额枋上的顶饰。宝顶的造型形式多样，有火焰顶、宝塔顶、葫芦顶等。

3. 雀替

是中国传统建筑中枋与柱相交处的托座，从柱头部分挑出承托其上之

图7-25
自贡大安倪氏牌坊宝顶

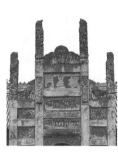

图7-26
四川自贡富顺文庙"棂星门"坊宝顶

图7-27
广东珠海陈芳祠"急公好义"牌坊宝顶

图7-28
云南禄丰星宿桥"坤维永镇"牌坊宝顶

枋，借以减小梁枋的净跨度，并起到加固构件和装饰的作用。牌坊上的雀替造型丰富，大都也雕饰精美。造型雕饰新颖的如北京戒台寺石坊采用独一无二的金刚力神造型雀替，四川富顺文庙的三座棂星门的明、次间雀替都采用浮雕的骑马雀替造型，有类似挂落的装饰效果，重庆云阳夏黄氏节孝坊明间采用象首雀替，福建仙游东门石坊采用龙形雀替，造型奇异，惟妙惟肖。造型简洁朴素的雀替一般为楔形，施以浅浮雕和镂空花雕，如四川隆昌"节孝总坊"的镂空花雕雀替、安徽歙县棠樾牌坊群的楔形浅浮雕雀替。

　　4. 匾额

　　依用料不同，可以分为木牌匾、石板牌匾、汉白玉牌匾。木牌坊的匾额一般为木质，蓝底上嵌贴金色凸字。高级的官式木牌坊，为汉白玉匾额，其上

图7-29
福建仙游东门石坊雀替

图7-30
重庆云阳夏黄氏节孝牌坊
雀替

图7-31
四川富顺文庙"棂星门"坊
骑马雀替

图7-32
四川隆昌节孝总坊雀替

图7-33
北京戒台
寺牌坊金
刚雀替

图7-34
安徽棠樾牌坊群雀替

嵌金色大字。

5. 花板

牌坊所特有的构件，尤多见于木牌坊、琉璃牌坊和仿木石牌坊。木牌坊花板一般采用镂空透雕，其用意有二：一是减轻牌坊上构件自身的重量；二是增加透风量，减少风荷载的阻力。花板之间用短小的折柱主次分明地分隔开来。安徽歙县稠墅村牌坊群的石牌坊，明间、次间的大小额枋间架空，仅留有斗形支柱，似有折柱之感。

图7-35
木牌坊匾额

图7-36
琉璃牌坊花板

图7-37
石牌坊花板

6. 高栱柱

为牌坊特有的建筑构件，使牌坊造型脱离一般房屋建筑和早期棂星门、乌头门形象，形成自身独特风格的基本构件之一。位于龙门枋或大额枋的中段之上。高栱柱间仍横贯额枋，形成新的框架，为牌坊创作提供了新的契机。一般民间牌坊只有明间大额枋上架高栱柱，但在官式牌坊（包括木、石、琉璃牌坊）中，如北京雍和宫木牌坊、北京明十三陵石牌坊以及现存的琉璃牌坊，它们各开间的额枋上都架高栱柱，庄重华贵。安徽黄山洪坑村某石牌坊、歙县许村的"彤史垂芳"贞节坊、歙县蟠溪节孝坊，其高栱柱的特别之处在于：高栱柱亦做冲天柱式，这在木牌坊中是没有的。

7. 夹杆石

牌坊为求稳固，将立柱深埋地下，再用夹杆石夹持柱子下段，夹杆石露明部分的中段束以铁箍。夹杆石主要应用于木牌坊、琉璃牌坊和仿木石牌坊，其形状多为矩形平面，有极少数的圆形平面，如颐和园现今还保留着两座木牌坊的残迹，它们的夹杆石就是圆柱形。夹杆石是牌坊特有的构件，也是牌坊的重点装饰部位之一，如北京景山公园内的牌楼，建有"寿与齐天"夹杆石。

图7-38
北京景山公园中牌坊的"寿与天齐"夹杆石

8. 抱鼓石

牌坊脱胎于门，因而它还保留着一些门的构件，抱鼓石就是其中之一。"抱鼓石"是门枕石[⑪]经过大事雕饰后的产物，起装饰门面的作用，因而较一般门枕石更高，下部雕须弥座，中间呈圆鼓形，其上雕刻纹样，更华丽的抱鼓石上面透雕狮子或狮头。抱鼓石多见于石牌坊，也有少量木石混合牌坊采用抱

图7-39
贵州遵义龙坑场石牌坊抱鼓石

图7-40
云南黑井市贞节牌坊抱鼓石

图7-41
四川隆昌县郭王氏功德坊抱鼓石

鼓石，如广东东莞的"余屋牌楼"、佛山祖庙的"灵应牌坊"。一般房屋的抱鼓石有高低贵贱之分，富贵权贵人家一般立有雕饰华丽的抱鼓石，并雕刻狮子；普通人家往往是通过升高方形门枕石来装饰门面。牌坊上的抱鼓石则没有严格的高低贵贱等级之分，因为它们都是皇帝颁旨建造的，只有装饰的华丽程度的差别，比如同为皇帝颁旨建造的贞节牌坊，安徽歙县棠樾的鲍文龄妻汪氏节孝坊的抱鼓石为简单朴素的没有任何雕饰的石板，山东单县张蒲妻朱氏的"百狮坊"抱鼓石为雕饰精美的坐狮方墩，四川自贡大安县张氏贞节坊的抱鼓石为蹬狮抱鼓石。

注释：

① 李希凡·图说中国艺术史丛书［M］. 杭州：浙江教育出版社，2001；总序.

② 王贵祥. 建筑美的哲学思辨［J］. 建筑学报，2004（10）：90.

③ 刘敦桢. 中国古代建筑史［M］. 北京：中国建筑工业出版社，1980：6-7.

④ 李允鉌. 华夏意匠［M］：台湾：龙田出版社，1982：33.

⑤ 黑格尔. 美学［M］. 北京：人民日报出版社，2005：125.

⑥ 秦佑国. 中国现代建筑的中国表达［J］. 建筑学报，2004（6）：23.

⑦ 同⑥

⑧ 陈志华. 外国建筑史［M］. 北京：中国建筑工业出版社，1990：2-3.

⑨ 梁思成. 清式营造则例［M］. 北京：中国建筑工业出版社，1981：15.

⑩ 王贵祥. 建筑美的哲学思辨［J］. 建筑学报，2004（10）：91.

⑪ 门扇用"门枕"来固定下轴，因门枕多用石料加工而成，故又称为"门枕石"或"砷石"，俗称"门墩"。门枕石固定在地面上，一半在门里，一半在门外，中间与门框的相交处，开有一道凹槽，用来插放门槛。门内的一半枕石上开圆形穴，放置门下轴，门外的部分则多做有装饰，或为方形的"墩"，或呈圆形的"鼓"。

结束语

　　牌坊建筑艺术，既广而博，又精而深，虽屈为小品，但其所涵盖的领域甚广，从现代科学的角度看，它融建筑学、美学、社会学、民俗学、工程学、哲学等于一身，小中见大，是华夏大地乃至世界上不可多得的建筑艺术珍品。论文中对牌坊的研究也可能只涉及牌坊的一个或者几个方面，还不能彻底地精透地描绘出牌坊建筑艺术的全貌。历史研究是无止境的，一项新的考古发现、一个新的实例展现、一篇新的文献记载，它们或者巩固完善以往的研究，或者推翻重构原有的研究，牌坊也不例外。

　　牌坊的政治意义和道德伦理意义，已经随着时代的变迁而淡化消失了。但是它的艺术价值、技术价值、历史价值、人文价值仍旧传承到今天。中国经历了日新月异的建设和发展，城市与乡村都呈现出一派欣欣向荣的繁荣景象。但是这样的建设中难免有一些破坏性的建设，糟蹋了古代人民遗留下来的建筑文化遗产。牌坊虽小，也是历史见证的一面"镜子"，同样应该加以合理的维修和保护，让它们在更长的历史长河中永放光彩，不要让优秀的建筑遗产流失消亡在我们手里。

　　"历史是镜子，历史也是艺术。它可以借鉴，更可以欣赏。"[①]对历史的研究和对历史问题的解决以及将其升华为一种艺术鉴赏，是一件漫长而艰辛的工作。至此，想到陈志华先生在《外国建筑史》[②]"序言"中讲到关于历史学习与研究的问题，而感触颇深。历史研究的主要任务是：

　　　主要着眼于它的历史意义，并不着重介绍和分析它的创造经验，那应该是另一门学科的任务，而建筑史是那门学科的基础。

　　学习建筑史的目的，是提高读者的文化修养，认识建筑的本质和它的系统结构，它在一定历史条件下的主要社会功能和它的演变规律，以利于进行有效的创造性探索，使建筑设计成为真正的建筑创作。建筑史帮助学习者了解古往今来建筑成就的丰富性；认识建筑几千年来生生不息的运动变化和它的机制；为思维开拓广阔的空间和时间领域；懂得尊崇创造性的劳动，既有默默无闻一点一滴的积累，更重要的是大智大勇的破格立新。

　　陈志华先生的观点与黑格尔在《历史哲学演讲录》中的阐述相似，黑格尔这样认为：历史的第一层次是白描性历史，主要回答过去"是什么"；第二层次是反思性历史，主要回答过去"为什么"；第三层次是哲学性历史，主要回答将来"干什么"。在黑格尔看来，历史研究的层次越高，它的功能价值和时代意义也越大。[3]

　　"观今须鉴古，无古不成今"[4]，这就是今天依然有人研究历史的原因所在。

注释：

① 阎崇年. 正说清朝十二帝 [M]. 北京：中华书局，2004：1.

② 陈志华. 外国建筑史（第三版）[M]. 北京：中国建筑工业出版社，2004：1.

③ 秦佑国. 中国建筑的中国表达 [J]. 建筑学报，2004（6）：20.

④ 李允鉌. 华夏意匠 [M]. 天津：天津大学出版社，2005.

图片
来源

第一讲：

图1-1　李允鉌. 华夏意匠. 天津：天津大学出版社，2005：50.

图1-2　楼庆西. 中国古建筑小品. 北京：中国建筑工业出版社，1993：4.

图1-3　吴裕成. 中国的门文化. 天津：天津人民出版社，1998：18.

图1-4　自绘

图1-5　网络

图1-6　网络

图1-7　网络

图1-8　自摄

图1-9　侯幼彬. 中国建筑美学. 北京：中国建筑工业出版社，1997：159.

图1-10　楼庆西. 中国古建筑二十讲. 北京：三联书店，2004：60.

图1-11　覃力. 说门. 济南：山东画报出版社，2004：102.

图1-12　刘敦桢. 刘敦桢文集（一）. 北京：中国建筑工业出版社，1982：197.

图1-13　自摄

图1-14　网络

图1-15　左图：自摄；右图：古建园林技术，2004（4）：21.

图1-16　冯建逵，杨令仪. 中国建筑设计参考资料图说［M］. 天津：天津大学出版社，
　　　　2002：178，179.（经处理+自绘）

图1-17　刘敦桢. 中国古代建筑史［M］. 北京：中国建筑工业出版社，1980：71.

图1-18　网络

图1-19　萧默. 敦煌建筑研究［M］. 北京：文物出版社，1989：98.

图1-20　萧默. 敦煌建筑研究［M］. 北京：文物出版社，1989：98.

图1-21　《中国建筑史》编写组. 中国建筑史（第三版）［M］. 北京：中国建筑工业出版社，
　　　　1990：20.

图1-22　萧默. 敦煌建筑研究［M］. 北京：文物出版社，1989：106.

图1-23　萧默. 敦煌建筑研究［M］. 北京：文物出版社，1989：107.

图1-24　萧默. 敦煌建筑研究［M］. 北京：文物出版社，1989：107.

图1-25　自绘

图1-26　冯建逵，杨令仪. 中国建筑设计参考资料图说［M］. 天津：天津大学出版社，2002：180.（经处理）

图1-27　自摄

图1-28　自绘

图1-29　自绘

图1-30　网络

图1-31　韩昌凯. 北京的牌楼［M］. 北京：学苑出版社，2002：114，115.

图1-32　自摄

图1-33　王绍周. 中国民族建筑（第五卷广西部分）［M］. 南京：江苏科学技术出版社，1998：361.

图1-34　王绍周. 中国民族建筑（第五卷湖南部分）［M］. 南京：江苏科学技术出版社，1998：222.

图1-35　自绘

第二讲：

图2-1　韩昌凯. 北京的牌楼［M］. 北京：学苑出版社，2002：26.

图2-2　王绍周. 中国民族建筑（第一卷云南部分）［M］. 南京：江苏科学技术出版社，1998：125.

图2-3　陈同滨等. 中国古代建筑大图典［M］. 北京：今日中国出版社，1996：488.

图2-4　左图：王绍周. 中国民族建筑（第三卷山西部分）［M］. 南京：江苏科学技术出版社，1998：264.
　　　右图：王绍周. 中国民族建筑（第三卷山西部分）［M］. 南京：江苏科学技术出版社，1998：264.

图2-5　王绍周. 中国民族建筑（第三卷山西部分）［M］. 南京：江苏科学技术出版社，1998：264.

图2-6　自摄

图2-7 韩昌凯. 北京的牌楼［M］. 北京：学苑出版社，2002：175.

图2-8 罗刚. 徽州古牌坊［M］. 沈阳：辽宁人民出版社，2002：135.

图2-9 自摄

图2-10 网络

图2-11 薛冰. 江南牌坊［M］. 上海：上海书店出版社，2004：57.

图2-12 王绍周. 中国民族建筑（第四卷浙江部分）［M］. 南京：江苏科学技术出版社，
        1998：282.

图2-13 王绍周. 中国民族建筑（第四卷江西部分）［M］. 南京：江苏科学技术出版社，
        1998：484.

图2-14 王绍周. 中国民族建筑（第一卷四川部分）［M］. 南京：江苏科学技术出版社，
        1998：390.

图2-15 冯骥才. 古风·老牌坊［M］. 北京：人民美术出版社，2003：131.

图2-16 王绍周. 中国民族建筑（第二卷河北部分）［M］. 南京：江苏科学技术出版社，
        1998：220.

图2-17 王绍周. 中国民族建筑（第五卷广东部分）［M］. 南京：江苏科学技术出版社，
        1998：467.

图2-18 陈云峰等. 云南明清民居建筑［M］. 昆明：云南美术出版社，2003：69.

图2-19 韩昌凯. 北京的牌楼［M］. 北京：学苑出版社，2002：190.

图2-20 自摄

图2-21 自摄

图2-22 冯建逵，杨令仪. 中国建筑设计参考资料图说［M］. 天津：天津大学出版社，
        2002：188.（经处理+自绘）

图2-23 罗刚. 徽州古牌坊［M］. 沈阳：辽宁人民出版社，2002：8.

图2-24 刘敦桢. 刘敦桢文集（一）［M］. 北京：中国建筑工业出版社，1982：206.

图2-25 王绍周. 中国民族建筑（第四卷安徽部分）［M］. 南京：江苏科学技术出版社，
        1998：387.

图2-26 自摄

图2-27 自摄

图2-28 自摄

图2-29 自摄

图2-30 王绍周. 中国民族建筑（第四卷安徽部分）[M]. 南京：江苏科学技术出版社，1998：381.

图2-31 罗刚. 徽州古牌坊 [M]. 沈阳：辽宁人民出版社，2002：131.

图2-32 王绍周. 中国民族建筑（第四卷江西部分）[M]. 南京：江苏科学技术出版社，1998：479.

图2-33 自摄

图2-34 王绍周. 中国民族建筑（第二卷甘肃部分）[M]. 南京：江苏科学技术出版社，1998：308.

图2-35 王绍周. 中国民族建筑（第五卷河南部分）[M]. 南京：江苏科学技术出版社，1998：50.

图2-36 楼庆西，李秋香. 西文兴村 [M]. 石家庄：河北教育出版社，2003：198.

图2-37 王绍周. 中国民族建筑（第四卷山东部分）[M]. 南京：江苏科学技术出版社，1998：47.

图2-38 楼庆西. 中国古建筑二十讲 [M]. 北京：三联书店，2004：252.

图2-39 自摄

图2-40 王绍周. 中国民族建筑（第四卷安徽部分）[M]. 南京：江苏科学技术出版社，1998：384.

图2-41 韩昌凯. 北京的牌楼 [M]. 北京：学苑出版社，2002：80.

图2-42 王绍周. 中国民族建筑（第四卷山东部分）[M]. 南京：江苏科学技术出版社，1998：79.

图2-43 自摄

第三讲:

图3-1　自摄

图3-2　冯建逵,杨令仪. 中国建筑设计参考资料图说 [M]. 天津:天津大学出版社,
　　　 2002:179.(经处理+自绘)

图3-3　韩昌凯. 北京的牌楼 [M]. 北京:学苑出版社,2002:135.

图3-4　冯建逵,杨令仪. 中国建筑设计参考资料图说 [M]. 天津:天津大学出版社,
　　　 2002:180.(经处理+自绘)

图3-5　韩昌凯. 北京的牌楼 [M]. 北京:学苑出版社,2002:29.

图3-6　韩昌凯. 北京的牌楼 [M]. 北京:学苑出版社,2002:25.

图3-7　刘敦桢. 刘敦桢文集(一) [C]. 北京:中国建筑工业出版社,1982:209.

图3-8　自摄

图3-9　王绍周. 中国民族建筑(第四卷安徽部分) [M]. 南京:江苏科学技术出版社,
　　　 1998:381.

图3-10　王绍周. 中国民族建筑(第五卷广东部分) [M]. 南京:江苏科学技术出版社,
　　　　 1998:409.

图3-11　王绍周. 中国民族建筑(第三卷北京部分) [M]. 南京:江苏科学技术出版社,
　　　　 1998:54.

图3-12　王绍周. 中国民族建筑(第四卷山东部分) [M]. 南京:江苏科学技术出版社,
　　　　 1998:53.

图3-13　王绍周. 中国民族建筑(第一卷云南部分) [M]. 南京:江苏科学技术出版社,
　　　　 1998:113.

图3-14　自摄

图3-15　王绍周. 中国民族建筑(第三卷河北部分) [M]. 南京:江苏科学技术出版社,
　　　　 1998:220.

图3-16　风景名胜,2004(3):64.

图3-17　李玉祥等. 乡土中国——蓝田 [M]. 北京:三联书店,2004:54.

图3-18　王绍周. 中国民族建筑（第二卷甘肃部分）[M]. 南京：江苏科学技术出版社，
　　　　1998：319.

图3-19　自摄

图3-20　冯建逵，杨令仪. 中国建筑设计参考资料图说[M]. 天津：天津大学出版社，
　　　　2002：116-117.（经处理+自绘）

第四讲：

图4-1　潘谷西. 中国古代建筑史（第四卷）[M]. 北京：中国建筑工业出版社，1999：419.

图4-2　王绍周. 中国民族建筑（第三卷河北部分）[M]. 南京：江苏科学技术出版社，1998：
　　　　221.

图4-3　王绍周. 中国民族建筑（第一卷云南部分）[M]. 南京：江苏科学技术出版社，1998：
　　　　125.

图4-4　王绍周. 中国民族建筑（第五卷湖南部分）[M]. 南京：江苏科学技术出版社，1998：
　　　　273.

图4-5　自摄

图4-6　王绍周. 中国民族建筑（第四卷江西部分）[M]. 南京：江苏科学技术出版社，1998：
　　　　473.

图4-7　自摄

图4-8　王绍周. 中国民族建筑（第四卷安徽部分）[M]. 南京：江苏科学技术出版社，1998：385.

图4-9　自摄

图4-10　潘谷西. 中国古代建筑史（第四卷）[M]. 北京：中国建筑工业出版社，1999：
　　　　422-423.

图4-11　薛冰. 江南牌坊[M]. 上海：上海书店出版社，2004：6.

图4-12　李玉明等. 山西翼城石四牌坊. 文物季刊，1998（1）：30.

图4-13　王绍周. 中国民族建筑（第二卷甘肃部分）[M]. 南京：江苏科学技术出版社，
　　　　1998：276.

图4-14　王绍周. 中国民族建筑（第五卷广东部分）［M］. 南京：江苏科学技术出版社，
　　　　1998：467.

图4-15　王绍周. 中国民族建筑（第五卷广东部分）［M］. 南京：江苏科学技术出版社，
　　　　1998：409.

图4-16　自摄

图4-17　自摄

图4-18　王绍周. 中国民族建筑（第四卷安徽部分）［M］. 南京：江苏科学技术出版社，
　　　　1998：384.

图4-19　自摄

图4-20　萧墨. 中国建筑艺术史［M］. 北京：中国建筑工业出版社，1999：800.

图4-21　王绍周. 中国民族建筑（第三卷河北部分）［M］. 南京：江苏科学技术出版社，
　　　　1998：284.

图4-22　陈同滨等. 中国古代建筑大图典［M］. 北京：今日中国出版社，1996：391.

图4-23　陈志华等. 中国古村落——流坑村［M］. 石家庄：河北教育出版社，2003：81.
　　　　（经处理+自绘）

图4-24　刘敦桢. 中国古代建筑史［M］. 北京：中国建筑工业出版社，1980：349.（经处
　　　　理+自绘）

图4-25　李倩枚. 何分西土东天，倩他装点名园［D］. 天津：天津大学硕士研究生毕业论
　　　　文，1993：76.

图4-26　王绍周. 中国民族建筑（第四卷山东部分）［M］. 南京：江苏科学技术出版社，
　　　　1998：44.

图4-27　自摄

图4-28　自摄

图4-29　罗刚. 徽州古牌坊［M］. 沈阳：辽宁人民出版社，2002：96.

图4-30　冯骥才. 古风·老牌坊［M］. 北京：人民美术出版社，2003：81.

图4-31　自摄

第五讲：

图5-1 文物，2004（4）：27.

图5-2 自摄

图5-3 罗刚. 徽州古牌坊［M］. 沈阳：辽宁人民出版社，2002：8.

图5-4 自摄

图5-5 自摄

图5-6 自摄

图5-7 自摄

图5-8 自摄

图5-9 自摄

图5-10 网络

图5-11 网络

图5-12 自摄

图5-13 王绍周. 中国民族建筑（第四卷安徽部分）［M］. 南京：江苏科学技术出版社，1998：383.

图5-14 王绍周.《中国民族建筑（第四卷山东部分）［M］. 南京：江苏科学技术出版社，1998：77.

图5-15 潘谷西. 中国古代建筑史（第四卷元明部分）［M］. 北京：中国建筑工业出版社，1999：421.

图5-16 王绍周. 中国民族建筑（第四卷安徽部分）［M］. 南京：江苏科学技术出版社，1998：385.

图5-17 王绍周. 中国民族建筑（第四卷福建部分）［M］. 南京：江苏科学技术出版社，1998：568.

图5-18 王绍周. 中国民族建筑（第四卷福建部分）［M］. 南京：江苏科学技术出版社，1998：567.

图5-19 自摄

第六讲：

图6-1　刘敦桢. 中国古代建筑史［M］. 北京：中国建筑工业出版社，1980：356.

图6-2　王绍周. 中国民族建筑（第四卷山东部分）［M］. 南京：江苏科学技术出版社，
1998：38.

图6-3　自绘

图6-4　自绘

图6-5　自摄

图6-6　自摄

图6-7　王绍周. 中国民族建筑（第四卷山东部分）［M］. 南京：江苏科学技术出版社，1998：45.

图6-8　王绍周. 中国民族建筑（第四卷山东部分）［M］. 南京：江苏科学技术出版社，1998：44.

图6-9　古建园林技术，2004（4）：20.

图6-10　自摄

图6-11　自摄

图6-12　王绍周. 中国民族建筑（第五卷河南部分）［M］. 南京：江苏科学技术出版社，
1998：50.

图6-13　何易. 明清城市牌楼［J］. 华中建筑，2001（5）：78.

图6-14　自绘

图6-15　自绘

图6-16　（上图）潘谷西. 中国古代建筑史（第四卷元明部分）［M］. 北京：中国建筑工业
出版社，1999：417；
（中图）侯幼彬. 中国建筑美学［M］. 北京：中国建筑工业出版社，1997：126；
（下图）薛冰. 江南牌坊［M］. 上海：上海书店出版社，2004：61.

图6-17　自摄

图6-18　网络

图6-19　网络

图6-20　网络

图6-21　网络

图6-22　网络

图6-23　何易. 明清城市牌楼. 华中建筑, 2001（5）：79.

图6-24　何易. 明清城市牌楼. 华中建筑, 2001（5）：80.

图6-25　www.abbs.com.cn

图6-26　薛冰. 江南牌坊［M］. 上海：上海书店出版社, 2004：110.

图6-27　王绍周. 中国民族建筑（第五卷湖南部分）［M］. 南京：江苏科学技术出版社, 1998：240.

图6-28　王绍周. 中国民族建筑（第五卷湖南部分）［M］. 南京：江苏科学技术出版社, 1998：241.

图6-29　自摄

图6-30　王绍周. 中国民族建筑（第四卷山东部分）［M］. 南京：江苏科学技术出版社, 1998：77.

图6-31　王绍周. 中国民族建筑（第四卷山东部分）［M］. 南京：江苏科学技术出版社, 1998：77, 78.

图6-32　自摄

图6-33　李倩枚. 何分西土东天, 倩他装点名园［D］. 天津：天津大学硕士研究生毕业论文, 1994：62.

图6-34　网络

图6-35　自摄

图6-36　自摄

图6-37　韩昌凯. 北京的牌楼［M］. 北京：学苑出版社, 2002：147.

图6-38　李倩枚. 何分西土东天, 倩他装点名园［D］. 天津：天津大学硕士研究生毕业论文, 1994：48.

图6-39　自摄

图6-40　韩昌凯. 北京的牌楼［M］. 北京：学苑出版社, 2002：145.

图6-41　冯骥才. 古风·老牌坊［M］. 北京：人民美术出版社，2003：181.

图6-42　同上

第七讲：

图7-1　自摄

图7-2　罗刚. 徽州古牌坊［M］. 沈阳：辽宁人民出版社，2002：8.

图7-3　自摄

图7-4　自摄

图7-5　罗刚. 徽州古牌坊［M］. 沈阳：辽宁人民出版社，2002：106.

图7-6　罗刚. 徽州古牌坊［M］. 沈阳：辽宁人民出版社，2002：107.

图7-7　自摄

图7-8　自摄

图7-9　王绍周. 中国民族建筑（第四卷福建部分）［M］. 南京：江苏科学技术出版社，1998：568.

图7-10　罗刚. 徽州古牌坊［M］. 沈阳：辽宁人民出版社，2002：封面.

图7-11　韩昌凯. 北京的牌楼［M］. 北京：学苑出版社，2002：33.

图7-12　冯骥才. 古风·老牌坊［M］. 北京：人民美术出版社，2003：36.

图7-13　龚恺. 中国古村落——豸峰村［M］. 石家庄：河北教育出版社，2003：115.

图7-14　同上

图7-15　同上

图7-16　王绍周. 中国民族建筑（第四卷安徽部分）［M］. 南京：江苏科学技术出版社，1998：331.

图7-17　龚恺. 中国古村落——豸峰村［M］. 石家庄：河北教育出版社，2003：114.

图7-18　韩昌凯. 北京的牌楼［M］. 北京：学苑出版社，2002：34.

图7-19　自摄

图7-20　自摄

图7-21　罗刚. 徽州古牌坊［M］. 沈阳：辽宁人民出版社，2002：8.

图7-22　韩昌凯. 北京的牌楼［M］. 北京：学苑出版社，2002：47.

图7-23　韩昌凯. 北京的牌楼［M］. 北京：学苑出版社，2002：110.

图7-24　刘敦桢. 刘敦桢文集（一）［C］. 北京：中国建筑工业出版社，1982：222.

图7-25　自摄

图7-26　自摄

图7-27　自摄

图7-28　王绍周. 中国民族建筑（第一卷云南部分）［M］. 南京：江苏科学技术出版社，1998：125.

图7-29　王绍周. 中国民族建筑（第四卷福建部分）［M］. 南京：江苏科学技术出版社，1998：568.

图7-30　王绍周. 中国民族建筑（第一卷重庆部分）［M］. 南京：江苏科学技术出版社，1998：439.

图7-31　自摄

图7-32　自摄

图7-33　韩昌凯. 北京的牌楼［M］. 北京：学苑出版社，2002：56.

图7-34　自摄

图7-35　韩昌凯. 北京的牌楼［M］. 北京：学苑出版社，2002：33.

图7-36　自摄

图7-37　王绍周. 中国民族建筑（第三卷北京部分）［M］. 南京：江苏科学技术出版社，1998：67.

图7-38　自摄

图7-39　王绍周. 中国民族建筑（第一卷贵州部分）［M］. 南京：江苏科学技术出版社，1998：270.

图7-40　风景名胜，2004（3）：66.

图7-41　自摄

参考
文献

图书类：

［1］刘敦桢. 中国古代建筑史［M］. 北京：中国建筑工业出版社，1980.

［2］萧默. 中国建筑艺术史［M］. 北京：中国建筑工业出版社，1999.

［3］潘谷西. 中国古代建筑史（第四卷）［M］. 北京：中国建筑工业出版社，1999.

［4］覃力. 说门［M］. 济南：山东画报出版社，2004.

［5］楼庆西. 中国古建筑小品［M］. 北京：中国建筑工业出版社，1993.

［6］楼庆西. 中国古建筑二十讲［M］. 北京：三联书店，2004.

［7］《中国建筑史》. 编写组. 中国建筑史（第三版）［M］. 北京：中国建筑工业出版社，1990.

［8］陈志华. 外国建筑史（第二版）［M］. 北京：中国建筑工业出版社，1990.

［9］刘致平. 中国建筑类型与结构［M］. 北京：中国建筑工业出版社，1987.

［10］金其桢. 中国牌坊［M］. 重庆：重庆出版社，2002.

［11］万幼楠. 牌坊·桥［M］. 上海：上海人民出版社，1996.

［12］宋子龙. 徽州牌坊艺术［M］. 合肥：安徽美术出版社，1993.

［13］张驭寰. 中国建筑百问［M］. 北京：中国档案出版社，2000.

［14］王振复. 中华意匠·中国建筑基本门类［M］. 上海：复旦大学出版社，2001.

［15］白文明. 中国古建筑艺术［M］. 济南：黄河出版社，1997.

［16］罗刚. 徽州古牌坊［M］. 沈阳：辽宁人民出版社，2002.

［17］韩昌凯. 北京的牌楼［M］. 北京：学苑出版社，2002.

［18］中国民族建筑（1–5卷）［M］. 南京：江苏科学技术出版社，1998.

［19］吴裕成. 中国的门文化［M］. 天津：天津人民出版社，1998.

［20］薛冰. 江南牌坊［M］. 上海：上海书店出版社，2004.

［21］冯建逵，杨令仪. 中国建筑设计参考资料图说［M］. 天津：天津大学出版社，2002.

［22］马炳坚. 中国古建筑木作营造技术［M］. 北京：科学出版社，1991.

［23］喻维国，王鲁民. 中国木构建筑营造技术［M］. 北京：中国建筑工业出版社，1993.

［24］萧默. 敦煌建筑研究［M］. 北京：文物出版社，1989.

［25］汪丽君，舒平. 类型学建筑［M］. 天津：天津大学出版社，2004.

［26］吴根友. 中国社会思想史［M］. 武汉：武汉大学出版社，1997.

［27］王鲁民. 中国古代建筑思想史纲［M］. 武汉：湖北教育出版社，2002.

［28］梁思成. 清式营造则例［M］. 北京：中国建筑工业出版社，1981.

［29］东南大学建筑系，歙县文物管理所. 棠樾［M］. 南京：东南大学出版社，1993.

［30］王瑞珠. 世界建筑史·古希腊卷［M］. 北京：中国建筑工业出版社，2003.

［31］吕道馨. 建筑美学［M］. 重庆：重庆大学出版社，2001.

［32］侯幼彬. 中国建筑美学［M］. 北京：中国建筑工业出版社，1997.

［33］刘先觉. 现代建筑理论［M］. 北京：中国建筑工业出版社，1999.

［34］张法. 中国美学史［M］. 上海：上海人民出版社，2000.

［35］傅西路. 马克思主义哲学原理［M］. 北京：中国展望出版社，1983.

［36］冯骥才. 古风·老牌坊［M］. 北京：人民美术出版社，2003.

［37］龚恺. 中国古村落·豸峰村［M］. 石家庄：河北教育出版社，2003.

［38］李秋香，陈志华. 中国古村落·流坑村［M］. 石家庄：河北教育出版社，2003.

［39］李玉祥，陈志华. 中国古村落·西文兴村［M］. 石家庄：河北教育出版社，2003.

［40］陈云峰等. 云南明清民居建筑［M］. 昆明：云南美术出版社，2003.

［41］程建军. 中国古代建筑与周易哲学［M］. 长春：吉林教育出版社，1991.

［42］蒲震元. 中国艺术意境论（第2版）［M］. 北京：北京大学出版社，1999.

期刊类：

［1］何易. 明清城市牌楼［J］. 华中建筑，2001（5）：58-60.

［2］张亦文.《营造法式注释》卷上"乌头门与灵星门"误作同类门的献疑［J］. 古建园林技术，2004（4）：125.

［3］陆泓. 云南建水县孔庙棂星门形制分析与探讨［J］. 古建园林技术，2004（4）：10

论文集类：

［1］刘敦桢. 刘敦桢文集（一）［C］. 北京：中国建筑工业出版社，1982.

［2］梁思成. 梁思成文集［C］. 北京：中国建筑工业出版社，1998.

［3］罗哲文. 罗哲文古建筑文集［C］. 北京：文物出版社，1998.

［4］王世仁. 王世仁建筑历史论文集［C］. 北京：中国建筑工业出版社，1997.

学位论文类：

［1］王戈. 移植中的创造［D］. 天津：天津大学硕士研究生毕业论文，1993.

［2］李倩枚. 何分西土东天，倩他装点名园［D］. 天津：天津大学硕士研究生毕业论文，1994.

后记

　　牌坊，几乎是老百姓最日常所见到的和提到的中国古代建筑类型了，尤其是那句"……想立牌坊"的古语，让原本单纯的老建筑，有了"深刻"的内涵！建筑设计师，尤其是旅游景区规划的设计师们，总会或多或少地在景区入口的位置安置一些牌坊，作为抵达景区的标志，可见牌坊的某些传统功能至今仍在被沿用。

　　在古代乡村里马车通行的窄窄的街道上，高耸的跨街牌坊几乎和道路两侧的建筑融为一体，人们穿行其间，舒适的街道尺度和矗立的高大牌坊，形成鲜明的对比，也烘托出牌坊严肃的纲常伦理教化功能。十多年前川南某市昔日古驿道上的几座一字排开的牌坊群，作为文物建筑的它们，如今已经作为该地区的一大特色景点加以打造，靠近牌坊群的老房子全部拆除掉了，几座牌坊势单力薄地耸立在繁华的仿古商业街的中心广场中间。有幸的是：牌坊群本身得到了保存，以及以此为依托的商业旅游开发的兴起；不幸的是：传统场所氛围的消失，以及其承载的多样性传统文化的磨灭。一言难尽、五味杂陈……

　　此书稿差不多完成于十多年前，后来由于各种原因，一直被搁浅。这十多年经历了城市建设的高速发展和房地产业的日新月异。再怎么快也有慢下来的时刻，再怎么奋勇超前也有回眸反思的时候。"不要搞奇奇怪怪的建筑"、"记得住乡愁"、"中国建筑要有文化自信"、"城市规划与建设要保护历史文化"……我们开始迎接一个更有自我文化认同、更有自己文化品格和更具地域特色人情味的时代。此时此刻，也觉得自己可以做点什么了，于是重拾书稿。

　　这次出版得益于西华大学乡土建筑研究所的大力支持，以及深圳大学建筑与城市规划学院覃力教授的无私帮助。

得到了支持和帮助，不敢怠慢！这十多年来，时不时地，有意无意间又走访了一些牌坊，于是利用这次机会，对原有书稿的部分内容进行了补充、完善和更新。

在这里要深深地感谢恩师覃力先生，他在百忙之中为本书做序并题写书名。先生治学严谨，至今还在孜孜不倦地从事着中国传统建筑的研究工作，不仅如此先生还在书法方面有深厚的造诣……这让晚辈倍感钦佩，也以此鞭策自己不断努力。

中国建筑工业出版社的编辑为本书的出版付出大量的辛苦工作，从逐字逐句的编审校核、言辞推敲，到封面设计、版式设计、装帧设计……都给予我莫大的帮助。

最后再一次借书籍出版的机会，向所有给予我帮助的师长、挚友、亲人、同事表示深深的谢意。

伴随着博大精深的中国文化和传统儒学思想的广泛且深入的渗透，散落全国城乡街头巷尾的牌坊可谓不计其数，其中肯定还有特色鲜明的牌坊精品不被人知。限于作者本人的知识局限，书中疏漏和不足之处，还恳请广大读者不吝赐教。

2018年11月12日

成都